U0182021

超深基坑施工期三维渗流
特性仿真分析

周鹏伟 王 玉 李祥雨 钟 凌 著

黄河水利出版社

·郑州·

内 容 提 要

本书在总结国内外学者研究的基础上,结合渗流理论和有限元理论,针对超深基坑的三维渗流特性展开研究。全书共分为5章,包括绪论,渗流仿真分析主要理论和方法,二维、准三维、真三维对比分析,降水井作用下超深基坑三维渗流特性分析,总结与展望。

本书可供民建、工业及农田水利规划、设计、施工等工程技术人员参考、使用。

图书在版编目(CIP)数据

超深基坑施工期三维渗流特性仿真分析/周鹏伟等
著.—郑州:黄河水利出版社,2022.7
ISBN 978-7-5509-3330-9

Ⅰ.①超… Ⅱ.①周… Ⅲ.①深基坑-工程施工-渗
流-计算机仿真 Ⅳ.①TU473.2

中国版本图书馆 CIP 数据核字(2022)第 126494 号

出 版 社:黄河水利出版社　　　　　　　　　　网址:www.yrcp.com
　　　　　地址:河南省郑州市顺河路黄委会综合楼14层　邮政编码:450003
发行单位:黄河水利出版社
　　　　　发行部电话:0371-66026940、66020550、66028024、66022620(传真)
　　　　　E-mail:hhslcbs@126.com
承印单位:河南新华印刷集团有限公司
开本:787 mm×1 092 mm　1/16
印张:7.25
字数:135 千字
版次:2022 年 7 月第 1 版　　　　　　　　　　　印次:2022 年 7 月第 1 次印刷
定价:65.00 元

前 言

随着我国工程建设的发展创新,民建、工业及农田水利等工程的体量越来越大,基坑的深度和面积也随之不断增加,给基坑工程的科研、设计与施工带来新的挑战。基坑工程降排水方案的设计和优选是基坑工程施工中的关键点,设计基坑降排水方案,首先要分析基坑的渗流特性。

在施工过程中,基坑工程乃至施工现场周围建筑的安全深受基坑所采取的降排水方案的影响。近年来,我国发生多起由深基坑降排水措施不当引发的工程事故,由此造成的经济损失和社会影响一般较大,后期处理也耗时、耗工、费用较大。超深基坑工程的降水和排水是危险性较大的工程。若未科学考虑降水对基坑及其周边环境的影响,可能造成严重的事故。据文献[1]介绍,在引起基坑事故的众多因素中,地下水处理不当引发的事故约占22%,甚至更高。由此可见,地下水是引起基坑破坏的重要因素之一。所以,深入研究地下水的渗透规律,加强渗流对基坑影响机制及相互作用的研究尤为重要。

本书在总结国内外学者研究的基础上,结合渗流理论和有限元理论,针对超深基坑的三维渗流特性展开研究。首先利用理正软件进行超深基坑二维渗流特性计算,初步得到了基坑渗流的部分规律。在对改进结点虚流量法进行简单介绍的基础上,基于大型有限元软件 ANSYS 构建超深基坑有限元模型并对其进行网格剖分,采用课题组已编制的 Fortran 程序进行三维渗流场的仿真计算分析。仿真计算结果表明,准三维分析和真三维分析能更加可靠、真实、有效地反映超深基坑的渗流特性,其计算结果更贴近工程实际;当模型取得足够大时,真三维分析和准三维分析并没有显现显著的区别。综合计算分析所需耗费的人工和时间,在进行真三维分析初步探讨渗流特性的基础上再进行准三维分析即可经济、科学地满足工程实际需要。

本书由周鹏伟、王玉、李祥雨共同撰写,其中第 1~3 章由周鹏伟完成,第 4 章由王玉完成,第 5 章由李祥雨完成。钟凌负责全书统稿与校核。

本书编撰过程中得到河南水利投资集团有限公司的支持,在此表示感谢!
限于作者水平,书中难免存在疏漏之处,恳请读者批评指正!

作 者

2022 年 4 月

目　录

第1章 绪 论

1.1 研究意义

随着我国经济持续不断地发展,建设工程不仅数量日益增加而且难度越来越大,特别是我国城镇化发展进程的逐渐加速,同时为了节约用地,充分利用空间,在一定条件下,发展建造高层建筑和地下建筑势在必行。工民建筑、电力、水利等行业的飞速发展,均要求建筑物或构筑物满足稳定、适用和耐久等功能要求,这些建筑物或构筑物的建设也促进了基坑工程的发展,深基坑、超深基坑工程更多地涌现出来,这也给基坑工程的相关设计、施工等带来了机遇和挑战。

通常在深基坑分部工程的施工阶段的施工方案中亟须被科学关注的有以下几个方面:

(1)围护结构的设计和施工。围护结构一般作为基坑的挡土结构和止水结构,对基坑工程的安全性是非常重要的。

(2)地下水的处理。很多工程事故都是因为地下水处理不当导致的。

(3)基坑支撑的及时性和有效性。

在撰写深基坑专项施工方案时,当需要考虑地下水的处理这一问题时,降排水方案的设计是影响工程安全的关键。当基坑开挖在较高地下水位或基坑处于含水量丰富的软弱多变土层地区时,基坑的开挖和基础布置均需在潜水位以下进行。为了保证干地施工的需要,必须在水位降至基坑以下 0.5 m 及以上深处时,才能开展后续工序。只有在充分了解地质条件的基础上选择安全、经济、实用的降排水方案,才能保证工程安全。

但在实际施工中,一些工程疏于地下水的处理,采取的降排水方案不当或提前结束了降水措施,可能引发基坑工程出现坑底潜蚀、突涌及冒水流砂等工程事故,影响基坑稳定和施工安全。更严重的是,降排水分项工程不到位还可能对基坑周围建筑物或构筑物的安全造成不良的影响,甚至引发严重的工程事故。例如,2010 年 5 月深圳地铁 5 号线太安站基坑施工引起居民楼裂缝;南京某江边大厦工程,基坑深 6.3 m,降水方法和内支撑刚度太小导致支护桩顶端位移达 36 cm,底部达 18 cm,引起周围地面沉降;上海某机器厂大型生产设备基础的基坑工程,由于在施工过程中临时取消第二级井点,同时土的堆放位置不当,从而产生土坡滑动,不仅造成整个基坑边缘下沉,而且钢板桩有1.5 m 的位移,厂房柱基发生位移和倾斜,有 30 根桩须补打,而且中部靠近挖土最深处的桩基位移最大,达 1.07 m。因此,研究降水对基坑周围环境的影响后可知,优化降水方案是基坑稳定的一个重要保证。

此外,基坑降排水会引起该地区地下水渗流状态的改变,基坑渗流场及基坑土体应力场耦变。土层的分布和土体参数的异同以及工程采取对应的降水方案,排水措施及防渗措施和支护结构等,使得地下水渗流与基坑土体的相互作用变得更加复杂。相关文献指出,处理基坑地下水方案不当占众多引发基坑工程安全事故的两成以上。因此,逐步深入地进行渗流与基坑安全性的交互分析研究,深入探究超深基坑地下潜水的渗流特性,分析降水井抽排地下水作用下基坑的三维渗流特性,是特别重要的。

1.2 地下水渗流研究现状

法国水力学家达西基于其 1852~1855 年垂直管含砂渗透系列试验,提出的渗透理论被称为达西定律(Darcy's Law)。达西定律为渗透理论的发展打下了坚实的基础。1889 年,茹可夫斯基率先将渗流微分方程推导出来。自那以来,众多渗流专家和数学家持续关注并推动着渗流数学模型、渗流力学及其解析解法的发展。

解决渗流场的方法是由 H BaPuLuoFuSiJi 在 1922 年提出的,该方法是分析复杂渗流问题的一个有效工具。电气装配方法的基础是电场和渗流场的控制方程相似,只有一个渗流数学模型,而不是物理模型。用于使用一个通用的电网络是基于不同的原理,而现在电网是在变分原理的基础上的。

1922 年,巴普蒂斯塔类似的渗流场和电场是基于电的拟合方法,提出求解渗流场。电拟法可有效地用于复杂渗流问题的求解。当然,对工程渗流实际而言,电拟法并非物理模型,而仅是数学模型。电网络法求解原理经历了差分原理到变分原理的飞跃,使其求解速度和准确度有了很大提高。

1910 年,Richardson 提出了有限差分法。求解渗流问题时有限差分法大致分为以下几个步骤:离散化——剖分计算域渗流场、构件渗流场差分方程、求解差分方程。

1856 年,法国水力学家达西提出了多孔介质中的线性渗透定律,即著名的达西定律,成为地下水运动的理论基础。1863 年,Dupuit 研究了一维稳定运动和降水井的二维稳定运动,提出了著名的 Dupuit 假设及 Dupuit 公式。

1901 年,Forchheimer 等研究了更复杂的渗流问题,从而奠定了地下水稳定理论的基础。1906 年,提出了 Thiem 公式。1928 年,O. E. Meinzer(1976~1948)注意到地下水运动的不稳定性和承压含水层的贮水性质。以上为稳定流发展情况,时至今日,稳定流理论仍然有广泛的应用。

　　1935 年,美国的 Theis(1900~1987)提出了地下水流向承压水井的非稳定流公式——Theis 公式,开创了现代地下水运动理论的新纪元;1954 年 Hantush、1955 年 Jacob(1914~1970)提出了越流理论;1954 年、1963 年 Boulton,1972 年 Neuman 研究了潜水含水层中水井的非稳定流理论。

　　1950~1965 年,研究了大范围含水层系统的电网络模拟技术,该技术到 20 世纪 80 年代在我国才被较广泛应用。

　　1965 年以来,计算机数值模拟技术不断得到广泛应用。目前,已经形成许多国际通用的商业化专业软件,主要有:

　　(1)GMS:Groundwater Modeling System。

　　(2)FEFLOW,Visual。

　　(3)MODFLOW,Visual。

　　(4)GFLOW。

　　(5)Visual Groundwater。

　　(6)WinFEM。

　　(7)Aquifer TEST,Aquifer。

　　目前,可视化、仿真性、虚拟技术正被开发利用。

　　百年多来,解地下水运动问题的解析法有了很大发展。目前,解析法主要有分离变量法、积分变换法(Laplace 变换、Hankel 变换、Fourier 变换)、保角映射法、速端曲线法、Green 函数法和其他方法(如镜像法、Boltzmann 变换等)。它们分别适合于求解不同类型的问题。例如,Hankel 变换对求解径向流问题很有用;而求解二维稳定渗流问题,保角映射法相当适用。作为保角映射法的一种特殊情况的速端曲线法,对处理边界有渗出面或自由面的问题特别适用。数值法也发展了多种方法。事实上,在求解地下水流问题中,应用数值法所显示出来的计算能力已远远超过人们为此收集计算机输入所需野外资料的能力。

　　在工程实际当中,现在渗流分析更多地采用 1965 年泽克维茨提出的有限单元法。该方法适用于求解可以构建变分形式的场问题。1962 年,Miller 提出压力水头(或含水量)与非饱和介质的中渗透系数呈函数关系,这奠定了达西定律应用于非饱和区域渗流的理论基础。Neuman 于 1973 年提出了一种利用有限单元法分析土坝饱和-非饱和渗流的数值方法。之后,日本的赤井浩一采用该数值模型进行了相关试验及数值计算。

计算机科学的进一步发展,促使了众多学科的进步。当然它也使得有限差分法、有限单元法及边界单元法等数值分析方法更广泛地应用于渗流分析中。

在国内,数值分析方法于 20 世纪六七十年代就应用到了渗流分析计算中,伴随着计算机技术的飞跃发展,数值分析法在求解渗流场问题上取得了更大的进展,其应用愈来愈广泛。吴良骥等在 1985 年提出了饱和–非饱和区域渗流问题的有限差分法的数值模型,采用辛普森数值积分来提高质量平衡精度。毛昶熙则系统地研究了渗流计算分析与控制。1990 年,任理推广了 Chen 等提出的有限解析法,将其应用于分析非饱和土壤的水分运动,且该法有着较高的精度。1997 年,刘浩等将 Picard 迭代法引入堤坝的饱和–非饱和有限元分析中,且对饱和–非饱和渗流分析的异同进行了比较。2001 年,彭华等改进了饱和–非饱和渗流分析有限元法,创造了一种新技术来加速迭代收敛。同年,周庆科、金峰等提出了建立在时步显示迭代基础上的离散单元法饱和–非饱和渗流模型,使裂隙岩体中的渗透效应直接参与离散单元法的显示平衡迭代,从而避免了大规模渗透方程组的求解。河海大学在 1976 年结合相关工作进行了非稳定渗流条件下的有限元法计算,优选了非稳定渗流方程以及计算方法并与实际观测资料做对比,得到两者基本一样的结论。

在渗流仿真计算过程中,根据渗流方向与所选坐标轴方向之间的关系来划分渗流,一般分为一维流运动、二维流运动和三维流运动。

若地下水沿一个方向运动,则将该方向取为坐标轴,此时地下水的渗透速度只有沿该坐标轴的方向有分速度,其余坐标轴方向的分速度为 0,此时称为一维流(one-dimensional flow)运动。一维流运动也称单向运动,指渗流场中水头、流速等渗流要素仅随一个坐标变化的水流,是其速度向量仅有一个分量、流线呈平行的水流,见图 1-1。

(a)平面图

图 1-1　承压水一维流运动

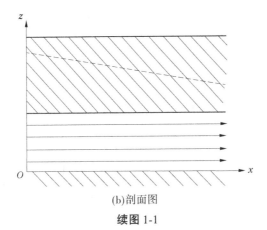

(b)剖面图

续图 1-1

若地下水的渗透速度沿两个坐标轴方向都有分速度,仅一个坐标轴方向的分速度为 0,此时称为二维流(two-dimensional flow)运动。二维流运动也称平面运动,是地下水的渗透流速沿空间 2 个坐标轴方向都有分速度,仅一个坐标轴方向的分速度为 0 的渗流;水头、流速等渗流要素随 2 个坐标变化的水流,其速度向量可分为 2 个分量,流线与某一固定平面呈平行的水流。

其中,平面二维流(two-dimensional flow in plane)是由两个水平速度分量所组成的二维流。剖面二维流(two-dimensional flow in section)是由一个垂直速度分量和一个水平速度分量组成的二维流,见图 1-2。

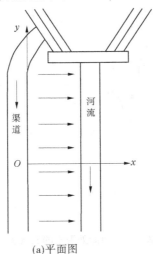

(a)平面图

图 1-2 渠道向河流渗漏的地下二维流动

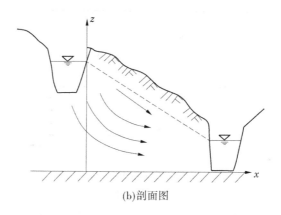

(b)剖面图

续图 1-2

　　地下水的渗透流速沿空间三个坐标轴的分量均不为 0,此时称为三维流
(three-dimensional flow)运动。三维流运动也称空间运动,是地下水的渗透流
速沿空间 3 个坐标轴的分量均不等于 0 的渗流;水头、流速等渗流要素随空间
3 个坐标而变化的水流,见图 1-3、图 1-4。

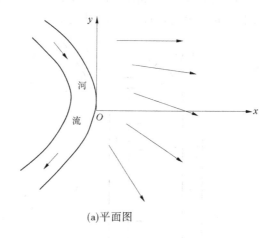

(a)平面图

图 1-3　河湾处潜水的三维流动

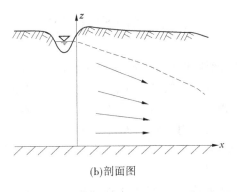

(b)剖面图

续图 1-3

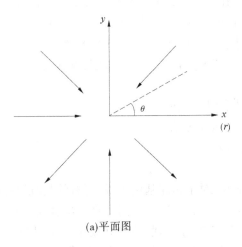

(a)平面图

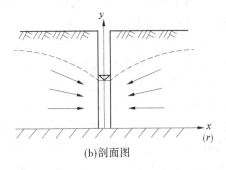

(b)剖面图

图 1-4　均质各向同性含水层中潜水井抽水时的地下水运动

1.3　问题的提出

土体是由固体、液体和气体组成的三相体系。土中的自由水在压力作用下,可在土的孔隙中流动,这便是渗流;当然,在土体自重或输入外荷载时,土体颗粒之间会发生相对运动,此时也会推动孔隙水的运动。由此可知,土体颗粒与孔隙水之间的相互作用促成了水的渗流。在基坑下挖过程中,基坑周边的土体的物理性能和力学性能均产生了较大改变。流动的孔隙水对土体参数的影响和改变作用是很大的。

鉴于基坑深度越来越深,基坑的占地面积越来越大,其与地下水的关系越来越密切;近年来,在地铁和其他工程建设中,深大基坑的渗透破坏事故时有发生,日益引起人们的重视。特别是近几年来,很多基坑工程因坑底地基管涌、流土和突涌(水)而发生破坏,这些事故 80% 是与水有关的。尤其令人痛心的是,由于对水的知识了解较少,对渗流理解不深,造成了本来可以避免的工程事故。

渗流计算方法有以下几种:

(1)三维空间有限差分法。

(2)平面有限元法。

(3)手算法。

这里要指出的是,对于超深基坑来说,现有的基坑设计规范中有关渗流的计算公式不是完全适用的,应进行专门计算。从事故的原因来分析,涉及规划设计、地质勘探、施工工艺和管理、监理和质量控制以及运行管理等方面。作者认为,设计是一个很重要的环节。原本有些设计本身就有问题,有的工程即使再认真、仔细地施工,仍然避免不了事故发生。

在平坦的地面和地基中,土、水均处于平衡状态之中。当在平地开挖出一个基坑时,土、水的应力状态就会发生很大变化。渗流是水在地基土体中的一种运动现象。渗流需要能量(水头)来克服土体的阻力,可以说,渗流的过程就是基坑外水压力(水头)不断消耗、损失的过程。如果到了坑底出口处,渗流压力还很大,而地基土体又不能承受,就会造成基坑土体的渗流破坏,进而可能引起整个基坑的破坏。渗流是不断消耗水压力的过程,所以在基坑外地基中某个深度位置上的渗流水压力要小于该位置上的静止水压力;而在基坑内部,渗流水压力则大于静止水压力。本书将对超深基坑设计中的渗流特性和控制问题进行探讨。

1.4　研究思路及本书的主要工作

本书在总结国内外学者研究成果的基础上,结合非稳定流理论和有限元理论,针对降水井降排作用下基坑的三维渗流特性展开研究。通过大型有限元软件 ANSYS 建立有限元模型,采用编制的 Fortran 程序进行三维渗流场的仿真研究。通过查阅国内研究文献和资料,调研了国内基坑降排水方案设计的计算方法和理论基础,提出在非稳定渗流理论和有限元理论结合的基础上,对降水井降排作用下的基坑的三维渗流特性展开了分析。最后,通过对某工程实例的多工况仿真分析,结果表明采用的计算方法合理有效,不仅降低了深基坑工程降水方案的费用和降水所需时间,而且提高了深基坑工程降水设计的安全性、有效性。本书主要分为以下五章:

第 1 章:绪论。在查阅大量文献的基础上,总结了国内外在基坑渗流仿真分析领域的研究成果,提出本书研究的课题和研究意义,最后叙述了本书的研究思路。

第 2 章:渗流仿真分析主要理论和方法。对渗流分析的基础理论如达西渗流定律、渗流的连续性方程等做了叙述。介绍了深基坑渗流场分析的基本原理和方程,并对稳定渗流场的有限单元法进行了详细的推导。阐述了结点虚流量法的基本原理和方程,并结合具体工程实例对理论的科学性和分析结果的有效性进行了对比验算。

第 3 章:二维、准三维、真三维对比分析。在收集超深基坑相关地质、水文条件的基础上,首先利用理正软件对该超深基坑进行二维渗流运动分析,结果仅能定性分析;后构件有限元模型,基于 8 节点 6 面体等参单元对模型进行剖分,并进行三维渗流运动特性分析,准三维分析和二维分析对比可知,准三维渗流运动分析更加科学、真实,但此时并没有添加降水井;添加降水井再次进行三维渗流运动分析,可得出降水井的影响范围和作用半径,不同部位的降水井其作用效果均有不同。

第 4 章:降水井作用下超深基坑三维渗流特性分析。分别对招标地质条件下降排水方案一进行三维渗流运动仿真分析和实际地质条件下方案一、方案二的三维渗流仿真运动分析。对比分析表明,地质条件对三维渗流运动特性有显著的影响,就该超深基坑工程而言,必须进行降排水方案的改进,才能满足工程实际需要。这也再次证明本书所采用软件可以满足超深基坑降排水方案的设计和比选的仿真分析工作。

第 5 章:总结与展望。总结了本书的工作内容,并反思了在仿真分析工作当中的不足,作为下一步研究的方向。

第 2 章　渗流仿真分析主要理论和方法

2.1　渗流分析理论

2.1.1　达西渗流定律

1852~1855 年,达西开展了一系列渗透试验研究,发现渗流流量 Q 与水头损失 h_1-h_2 及断面面积 A 均成正比,同时与渗流路径长度 L 成反比。在工程实际中,不同地域土层分布及土体渗流参数均不相同。达西用常数 k 来体现这种差异性,此时,达西渗流定律可用式(2-1)来表示:

$$Q = Ak\frac{h_1 - h_2}{L}\qquad(2\text{-}1)$$

或

$$v = \frac{Q}{A} = -k\frac{\mathrm{d}h}{\mathrm{d}S} = kJ\qquad(2\text{-}2)$$

式中:v 为水的流速;J 为水力梯度;k 为渗透力的量度(单位与流速相同,长度/时间)。

达西渗流定律指出了水的流速 v 与水力梯度 J 的线性关系,故又称达西渗流定律为线性渗透定律。

达西在达西渗流定律中指出水的流速 v 与水力梯度 J 成正相关。但在工程实践中,许多工程人员和科研工作者的研究证明达西渗流定律仅在特定的工况下才适用。Karl Terzaghi 开展了系列土力学试验研究,结果证明,达西渗流定律适用于大部分的砂土、黏土,其雷诺数(Re)决定了定律的适用范围。自然界中,地下水运动的性质大多服从达西渗流定律,大于流动的临界雷诺数是罕见的,仅见于喀斯特附近的岩石或井壁和泉水出口处。

在实际工程中,基于达西渗流定律构建的渗流特性数值分析模型与工程实际工况还有些许差别。所以,求解工程实际渗流问题时,若采用达西渗流定律构建数值分析模型需灵活运用。

2.1.2　渗流连续方程

水力学中的渗流理论基础表明,于渗透介质中运动的流体,在运动的过程中,流体的质量保持恒定,在无外界干扰的理想状态下,它既不会增加亦不会减少。连续性方程是大自然中质量守恒定律在水体渗流现象中的一个具体表现。

假定在土体孔隙中流动的均质液体(水)是不能被压缩的,而土体介质仅能在竖直方向上被单向压缩。此时,参考质量守恒定律,变换渗流连续公式得到可压缩介质的连续性方程(渗流方程)如下:

$$-\left(\frac{\partial v_x}{\partial x}+\frac{\partial v_y}{\partial y}+\frac{\partial v_z}{\partial z}\right)=\rho g(\alpha+n\beta)\frac{\partial h}{\partial t} \tag{2-3}$$

式中:α 为多孔介质压缩系数,是多孔介质在压强变化时的压缩性的指标;ρ 为水的密度;β 为水的压缩系数;$\rho g(\alpha+n\beta)$ 为单位贮水量或贮存率;v_x,v_y,v_z 分别为渗流沿坐标轴方向的分速度。

若假定均质液体和土体介质均不可压缩,则式(2-3)可变换为

$$\frac{\partial v_x}{\partial x}+\frac{\partial v_y}{\partial y}+\frac{\partial v_z}{\partial z}=0 \tag{2-4}$$

式(2-4)是刚体介质流动中不可压缩均质液体的渗流方程。式(2-4)是连续性的,所以上述公式表明刚体介质流动的不可压缩均质液体中任一点处的单位流量(流速)的变化率为 0。

2.1.3　渗流微分方程

将达西渗流定律和连续方程结合可得

$$v_x=-k_x\frac{\partial H}{\partial x},\quad v_y=-k_y\frac{\partial H}{\partial y},\quad v_z=-k_z\frac{\partial H}{\partial z} \tag{2-5}$$

式中:v_x,v_y,v_z 分别为 x,y,z 各渗透主轴向的流速;k_x,k_y,k_z 分别为 x,y,z 各渗透主轴向的渗透系数。

将式(2-5)代入式(2-4),得

$$\frac{\partial}{\partial x}\left(k_x\frac{\partial h}{\partial x}\right)+\frac{\partial}{\partial y}\left(k_y\frac{\partial h}{\partial y}\right)+\frac{\partial}{\partial z}\left(k_z\frac{\partial h}{\partial z}\right)=\rho g(\alpha+n\beta)\frac{\partial h}{\partial t}=\mu_s\frac{\partial h}{\partial t} \tag{2-6}$$

式中:h 为水头值;μ_s 为当水头下降(或上升)一个单位时,由于含水层内骨架的压缩(或膨胀)和水的膨胀(或压缩)而从单位体积含水层柱体中弹性释放(或贮存)的水量,$\mu_s=\rho g(\alpha+n\beta)$。

当土体介质和地下水均不可压缩时，$\mu_s = 0$，式(2-6)变为

$$\frac{\partial}{\partial x}\left(k_x\frac{\partial h}{\partial x}\right) + \frac{\partial}{\partial y}\left(k_y\frac{\partial h}{\partial y}\right) + \frac{\partial}{\partial z}\left(k_z\frac{\partial h}{\partial z}\right) = 0 \qquad (2\text{-}7)$$

式(2-7)为稳定流下的渗流基本微分方程。

当 x,y,z 各渗透主轴向渗透系数均保持常数时，式(2-7)变换为

$$k_x\frac{\partial^2 h}{\partial x^2} + k_y\frac{\partial^2 h}{\partial y^2} + k_z\frac{\partial^2 h}{\partial z^2} = 0 \qquad (2\text{-}8)$$

若 x,y,z 各渗透主轴向渗透系数具有一致性，即 $k_x = k_y = k_z$ 时，式(2-8)可变换成式(2-9)所示的 Laplace 方程，稳定运动方程的右端都等于 0，意味着同一时间内流入单元体的水量等于流出的水量。这一结论不仅适用于潜水含水层，也适用于越流含水层和承压含水层。

$$\frac{\partial^2 h}{\partial x^2} + \frac{\partial^2 h}{\partial y^2} + \frac{\partial^2 h}{\partial z^2} = 0 \qquad (2\text{-}9)$$

综合式(2-5)～式(2-9)可得，二维的稳定流微分方程为

$$\frac{\partial}{\partial x}\left(k_x\frac{\partial h}{\partial x}\right) + \frac{\partial}{\partial y}\left(k_y\frac{\partial h}{\partial y}\right) = 0 \qquad (2\text{-}10)$$

式中：h 为总水头；k_x，k_y 分别为 x 和 y 渗透主轴向的渗透系数。

2.1.4　定解条件

同一形式的偏微分方程代表了整个一大类的地下水流的运动规律，而对于不同边界性质、不同边界形状的含水层，水头的分布是不同的。对于偏微分方程而言，方程本身并不包含反映特定渗流区条件的全部信息，方程可能存在无数个解，若需要从大量的可能解中求得与特定区域条件相对应的唯一特解，就必须提供反映特定区域特征的信息。这些信息包括：

(1)微分方程中的有关参数确定后，微分方程才能被确定下来。

(2)渗流区范围和形状。当微分方程所对应的区域被确定之后才能对方程求解。

(3)边界条件。表示渗流区边界所处的条件，用以表示水头 H(或渗流量 q)在渗流区边界上所应满足的条件，也就是渗流区内水流与其周围环境相互制约的关系。

(4)初始条件。表示渗流区的初始状态，某一选定的初始时刻($t = 0$)渗流区内水头 H 的分布情况。

将边界条件和初始条件并称为定解条件，微分方程和定解条件一起构成

渗流场的数学模型。

定解条件指水头、流量等渗流运动要素在流场边界上的已知变化规律,这种变化规律是由流场外部条件引起的,但它不断地影响流场内部的渗流过程,并在整个期间一直起作用。定解条件包括边界条件和初始条件。

边界条件是渗流区边界所处的条件,用以表示水头 H(或渗流量 q)在渗流区边界上所应满足的条件,就是渗流区内水流与其周围环境相互制约的关系。边界条件可用下式表示:

$$h(x,y,z)\big|_{\Gamma_1}=f(x,y,z) \tag{2-11}$$

式中:Γ_1 为渗流区域边界;$f(x,y,z)$ 为已知函数;x,y,z 处于边界 Γ_1 上,称此种边界条件为第一类边界条件,即水头边界条件。

假设不能确定研究的渗流边界上的水头,然而却知道边界上单位面积流出或者流入的水量,那么这样的边界条件问题可用下式表示为

$$k\frac{\partial h}{\partial n}\big|_{\Gamma_2}=q(x,y,z) \tag{2-12}$$

式中:Γ_2 为已知流量流出或流入的边界段;n 为 Γ_2 的法线方向。

若把边界条件视为不透水边界,此时 $q=0$。式(2-12)变为 $\frac{\partial h}{\partial n}=0$。第二类边界条件即为不透水边界条件,又称为流量边界条件。

当研究非稳定的渗流问题时,则要将边界条件及初始条件全部加以考虑。

水头边界条件公式:
$$h(x,y,z,t)\big|_{\Gamma_1}=f(x,y,z,t) \qquad t>0 \tag{2-13}$$

流量边界条件公式:
$$k\frac{\partial h}{\partial n}\big|_{\Gamma_2}=q(x,y,z,t) \qquad t>0 \tag{2-14}$$

不透水边界条件公式:
$$\frac{\partial h}{\partial n}=0 \tag{2-15}$$

此外,还有以下定解条件。

混合边界条件公式:
$$h+\alpha\frac{\partial h}{\partial t}=\beta \tag{2-16}$$

初始条件公式:
$$h(x,y,z,t)\big|_{t=0}=h_0(x,y,z) \tag{2-17}$$

式中:h_0 为初始时刻水头。

2.2　渗流分析的有限元法原理

在渗流分析数值求解过程中,采用的有限元法是基于变分原理将渗流基本微分方程及其边界条件变换成为泛函数的极值问题加以解决的,它是一种分块近似里兹(Ritz)法的应用。首先,针对研究对象选择合适的单元进行网格剖分。剖分之后的单个单元首先建立局部微分方程。其次,通过相联系的节点对单元的局部微分方程装配成整体微分方程。最后,对整体微分方程进行求解。有限元渗流求解总水头函数 h 的方程形式如下:

$$[K]\{h\} = \{f\} \tag{2-18}$$

式中:$[K]$ 为渗透分析矩阵;$\{h\}$ 为列向量;$\{f\}$ 为自由项的列向量。

由式(2-18)可知,应用有限元法进行渗流分析时,其求解精度的因素包括划分的网格单元的尺寸大小、插值函数对数学模型求解的精度。

基于变分原理,将渗流分析的微分方程和数值求解过程中的泛函数的取极小值方程等价变换可得式(2-19)。

$$I(h) = \iiint\limits_{\Omega}\left\{\frac{1}{2}\left[k_x\left(\frac{\partial h}{\partial x}\right)^2 + k_y\left(\frac{\partial h}{\partial y}\right)^2 + k_z\left(\frac{\partial h}{\partial z}\right)^2\right] + S_s h\frac{\partial h}{\partial t}\right\}\mathrm{d}x\mathrm{d}y\mathrm{d}z + \iint\limits_{\Gamma_2}qh\mathrm{d}\Gamma$$

$$\tag{2-19}$$

式(2-19)中,求解直接赋值的已知水头边界为第一类边界条件,是在计算时直接赋给已知的边界水头值。方程右端第二个分项式为边界条件积分,对其进行泛函数极小值变换,在数值求解中,该分项式则转变为第二类边界条件。

对研究对象进行网格剖分后,式(2-19)可以由相关节点的周围单元耦合而成,见式(2-20):

$$I(h) = \sum_{e=1}^{m}\iiint\limits_{e}\left\{\frac{1}{2}\left[k_x\left(\frac{\partial h}{\partial x}\right)^2 + k_y\left(\frac{\partial h}{\partial y}\right)^2 + k_z\left(\frac{\partial h}{\partial z}\right)^2\right] + S_s h\frac{\partial h}{\partial t}\right\}\mathrm{d}x\mathrm{d}y\mathrm{d}z + \sum_{j=1}^{k}\iint\limits_{\Gamma_2}qh\mathrm{d}\Gamma$$

$$\tag{2-20}$$

以 $I^e(h)$ 表示单元 e 上的泛函数,即

$$I^e(h) = \iiint\limits_{e}\left\{\frac{1}{2}\left[k_x\left(\frac{\partial h}{\partial x}\right)^2 + k_y\left(\frac{\partial h}{\partial y}\right)^2 + k_z\left(\frac{\partial h}{\partial z}\right)^2\right] + S_s h\frac{\partial h}{\partial t}\right\}\mathrm{d}x\mathrm{d}y\mathrm{d}z +$$

$$\iint\limits_{\Gamma_2}qh\mathrm{d}\Gamma = I_1^e + I_2^e + I_3^e \tag{2-21}$$

对式(2-21)中的各分项求导,可得第一项 I_1^e 为

$$I_1^e = \iiint_e \left\{ \frac{1}{2} \left[k_x \left(\frac{\partial h}{\partial x} \right)^2 + k_y \left(\frac{\partial h}{\partial y} \right)^2 + k_z \left(\frac{\partial h}{\partial z} \right)^2 \right] \right\} dxdydz \qquad (2\text{-}22)$$

对式(2-22)对应的各单元节点总水头 $h_1, h_2, \cdots, h_m$ 求导,可得

$$\frac{\partial I_1^e}{\partial h_i} = \frac{\partial}{\partial h_i} \iiint_e \frac{1}{2} \left[k_x \left(\frac{\partial h}{\partial x} \right)^2 + k_y \left(\frac{\partial h}{\partial y} \right)^2 + k_z \left(\frac{\partial h}{\partial z} \right)^2 \right] dxdydz$$

$$= \frac{1}{2} \iiint_e \left[k_x \frac{\partial}{\partial h_i} \left(\frac{\partial h}{\partial x} \right)^2 + k_y \frac{\partial}{\partial h_i} \left(\frac{\partial h}{\partial y} \right)^2 + k_z \frac{\partial}{\partial h_i} \left(\frac{\partial h}{\partial z} \right)^2 \right] dxdydz$$

$$(2\text{-}23)$$

将单元体微元内任一点对应水头表达式 $h = \sum_{i=1}^{M} N_i h_i$ 代入式(2-23)得:

$$\frac{\partial I_1^e}{\partial h_i} = \frac{1}{2} \iiint_e \left[2k_x \left(\sum_{k=1}^{M} \frac{\partial N_k}{\partial x} h_k \right) \frac{\partial N_i}{\partial x} + 2k_y \left(\sum_{k=1}^{M} \frac{\partial N_k}{\partial y} h_k \right) \frac{\partial N_i}{\partial y} + 2k_z \left(\sum_{k=1}^{M} \frac{\partial N_k}{\partial z} h_k \right) \frac{\partial N_i}{\partial z} \right] \cdot$$

$$dxdydz = \sum_{k=1}^{M} h_k \iiint_e \left(k_x \frac{\partial N_k}{\partial x} \frac{\partial N_i}{\partial x} + k_y \frac{\partial N_k}{\partial y} \frac{\partial N_i}{\partial y} + k_z \frac{\partial N_k}{\partial z} \frac{\partial N_i}{\partial z} \right) dxdydz \quad (i = 1, 2, \cdots, M)$$

$$(2\text{-}24)$$

令 $K_{ij} = \iiint_e \left(k_x \frac{\partial N_i}{\partial x} \frac{\partial N_j}{\partial x} + k_y \frac{\partial N_i}{\partial y} \frac{\partial N_j}{\partial y} + k_z \frac{\partial N_i}{\partial z} \frac{\partial N_j}{\partial z} \right) dxdydz$,则

$$\begin{Bmatrix} \dfrac{\partial I_1^e}{\partial h_1} \\[2mm] \dfrac{\partial I_1^e}{\partial h_2} \\[1mm] \vdots \\[1mm] \dfrac{\partial I_1^e}{\partial h_M} \end{Bmatrix} = \begin{bmatrix} K_{11} & K_{12} & \cdots & K_{1M} \\ K_{21} & K_{22} & \cdots & K_{2M} \\ \vdots & \vdots & & \vdots \\ K_{M1} & K_{M2} & \cdots & K_{MM} \end{bmatrix} \begin{Bmatrix} h_1 \\ h_2 \\ \vdots \\ h_M \end{Bmatrix} = [K]^e \{h\}^e \qquad (2\text{-}25)$$

第二项 I_2^e 为

$$I_2^e = \iiint_e S_s h \frac{\partial h}{\partial t} dxdydz \qquad (2\text{-}26)$$

对单元体微元内的任一节点总水头求导,可得

$$\frac{\partial I_2^e}{\partial h_i} = S_s \iiint_e \frac{\partial}{\partial h_i} \left(\sum_{k=1}^{M} N_k h_k \right) \left(\sum_{k=1}^{M} N_k \frac{\partial h_k}{\partial t} \right) dxdydz$$

$$= S_s \iiint\limits_e \left(\sum_{k=1}^{M} N_k \frac{\partial h_k}{\partial t} \right) N_i \mathrm{d}x\mathrm{d}y\mathrm{d}z$$

$$= \sum_{k=1}^{M} \frac{\partial h_k}{\partial t} S_s \iiint\limits_e N_k N_i \mathrm{d}x\mathrm{d}y\mathrm{d}z \qquad (2\text{-}27)$$

令 $S_{ij} = S_s \iiint\limits_e N_i N_j \mathrm{d}x\mathrm{d}y\mathrm{d}z$ ，则

$$\begin{Bmatrix} \dfrac{\partial I_2^e}{\partial h_1} \\[2mm] \dfrac{\partial I_2^e}{\partial h_2} \\[2mm] \vdots \\[2mm] \dfrac{\partial I_2^e}{\partial h_M} \end{Bmatrix} = \begin{bmatrix} S_{11} & S_{12} & \cdots & S_{1M} \\ S_{21} & S_{22} & \cdots & S_{2M} \\ \vdots & \vdots & & \vdots \\ S_{M1} & S_{M2} & \cdots & S_{MM} \end{bmatrix} \begin{Bmatrix} h_1 \\ h_2 \\ \vdots \\ h_M \end{Bmatrix} = [S]^e \{h\}^e \qquad (2\text{-}28)$$

第三项 I_3^e : I_3^e 为面积分，其流量边界条件。在求解中，把自由面 Γ_3 边界视作地下水的流量补给边界，即 $q = S \dfrac{\partial h}{\partial t}$ ，其中 S 为给水度，可得

$$I_3^e = \iint\limits_{\Gamma_2} qh\mathrm{d}\Gamma + \iint\limits_{\Gamma_3} Sh \frac{\partial h}{\partial t} \mathrm{d}\Gamma = \iint\limits_{\Gamma_3} S \sum_{k=1}^{M} N_k h_k \cdot \sum_{k=1}^{M} N_k \frac{\partial h_k}{\partial t} \mathrm{d}\Gamma + \iint\limits_{\Gamma_2} q \sum_{k=1}^{M} N_k h_k \mathrm{d}\Gamma$$

$$(2\text{-}29)$$

求解式（2-29）中 I_3^e 所对应的单元微元体内结点任一水头 h_i 的导数，可得

$$\frac{\partial I^e}{\partial h_i} = \iint\limits_{\Gamma_2} qN_i \mathrm{d}\Gamma + \iint\limits_{\Gamma_3} SN_i \sum_{k=1}^{M} N_k \frac{\partial h_k}{\partial t} \mathrm{d}\Gamma$$

$$= \iint\limits_{\Gamma_2} qN_i \mathrm{d}\Gamma + \left\{ \iint\limits_{\Gamma_3} SN_i N_1 \mathrm{d}\Gamma, \cdots, \iint SN_i N_M \mathrm{d}\Gamma \right\} \begin{Bmatrix} \dfrac{\partial h_1}{\partial t} \\[2mm] \vdots \\[2mm] \dfrac{\partial h_M}{\partial t} \end{Bmatrix}$$

$$(2\text{-}30)$$

得

$$\left\{ \begin{array}{c} \dfrac{\partial I_3^e}{\partial h_1} \\ \vdots \\ \dfrac{\partial I_3^e}{\partial h_M} \end{array} \right\} = [P]^e \left\{ \dfrac{\partial h}{\partial t} \right\}^e + \{F\}^e \tag{2-31}$$

其中

$$[P]^e = [P_{ij}]^e ; \quad P_{ij} = \iint_{\Gamma_3} S N_i N_j \mathrm{d}\Gamma ; \quad \{\overline{F}\} = \left\{ \begin{array}{c} \iint_{\Gamma_2} q N_1 \mathrm{d}\Gamma \\ \vdots \\ \iint_{\Gamma_2} q N_M \mathrm{d}\Gamma \end{array} \right\} \tag{2-32}$$

综上可知,针对任一单元微元体 e,有

$$\left\{ \dfrac{\partial I}{\partial h} \right\}^e = [K]^e \{h\}^e + [S]^e \left\{ \dfrac{\partial h}{\partial t} \right\}^e + [P]^e \left\{ \dfrac{\partial h}{\partial t} \right\}^e + \{F\}^e \tag{2-33}$$

对式(2-33)求微分,并令其值等于0,可得

$$\dfrac{\partial I}{\partial h_i} = \sum_e \dfrac{\partial I^e(h)}{\partial h_i} = 0 \qquad (i = 1,2,\cdots,n) \tag{2-34}$$

式中:n 为有限元模型结点数。

将上述各方程组合成矩阵,可得

$$[K]\{h\} + [S]\left\{ \dfrac{\partial h}{\partial t} \right\} + [P]\left\{ \dfrac{\partial h}{\partial t} \right\} = \{F\} \tag{2-35}$$

式中:$\{F\}$ 为组合矩阵中已知结点值对应的常数项。

由式(2-35)得渗透单元矩阵为

$$[K]^e = \begin{bmatrix} K_{11} & K_{12} & \cdots & K_{1M} \\ K_{21} & K_{22} & \cdots & K_{2M} \\ \vdots & \vdots & & \vdots \\ K_{M1} & K_{M2} & \cdots & K_{MM} \end{bmatrix}^e \tag{2-36}$$

根据式(2-35)逐个对各结点相关单元组成构成的渗透矩阵计算求解,并累加可得 n 个方程:

$$[K]\{h\} = \{F\} \tag{2-37}$$

式中:$[K]$ 为整体渗透矩阵;$\{h\}$ 为结点水头列阵。

$$K_{ij} = \sum_{j=1}^{m_i} K_{ij}^{e_j}; \quad \{h\} = \left\{ \begin{array}{c} h_1 \\ h_2 \\ \vdots \\ h_n \\ h_{n+1} \\ \vdots \\ h_N \end{array} \right\}; \quad F_i = \sum_{j=1}^{m_i} F_i^{e_j} \qquad (2\text{-}38)$$

式中:m_i 为共有 i、j 结点的单元数;N 为结点总数;n 为水头待求解的结点数。

2.3　结点虚流量法

2.3.1　渗流场相关方程及定解条件

三维稳定达西渗流场的渗流支配方程为

$$-\frac{\partial}{\partial x_i}(k_{ij}\frac{\partial h}{\partial x_j}) + Q = 0 \qquad (2\text{-}39)$$

式中:x_i 为坐标,$i=1,2,3$;k_{ij} 为岩体达西渗透各向异性系数,该系数为二阶对称张量;h 为总水头,$h=x_3+p/\gamma$,x_3 为位置水头,p/γ 为压力水头;Q 为渗流求解域中的汇项或源。

计算边界如图 2-1 所示,其边界条件理论如下:

$$h\big|_{\Gamma_1} = h_1 \qquad (2\text{-}40)$$

$$-k_{ij}\frac{\partial h}{\partial x_j}n_i\big|_{\Gamma_2} = q_n \qquad (2\text{-}41)$$

$$-k_{ij}\frac{\partial h}{\partial x_j}n_i\big|_{\Gamma_3} = 0 \text{ 且 } h = x_3 \qquad (2\text{-}42)$$

$$-k_{ij}\frac{\partial h}{\partial x_j}n_i\big|_{\Gamma_4} > 0 \text{ 且 } h = x_3 \qquad (2\text{-}43)$$

式中:h_1 为已知水头函数;n_i 为渗流边界面外法向余弦,$i=1,2,3$;Γ_1 为已知渗流量的第一类渗流边界条件;Γ_2 为已知渗流量的第二类渗流边界条件;Γ_3 为位于渗流域中渗流实区和虚区之间的渗流自由面;Γ_4 为渗流逸出面;q_n 为边界面法向流量,流出为正。

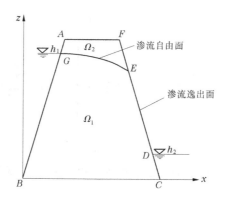

图 2-1　渗流计算所用边界示意图

2.3.2　有自由面渗流问题固定网格求解的结点虚流量法

　　固定网格结点虚流量法对于有压渗流场问题的求解,在程序计算时没有自由面检索和甄别的问题,无须迭代求解。而对于有渗流自由面的无压渗流问题的求解,由于事先不知道浸润线(自由面)及渗流逸出点(线)的确切位置或逸出面的确切大小,使得用数值计算的方法求解这个问题时颇显复杂。

　　在通常情况下,按常规算法在求解问题时得事先假定问题的计算域(渗流域)的大小,再进行单元网格剖分后计算,然后根据中间解的情况,判断事先假定的计算域大小的合理性,并进行计算域的修正和重新计算;如此反复进行,直至达到工程要求的精度。针对这一问题,提出了固定网格求解的结点虚流量法,可以方便有效地解决这一问题。其中,定义位于渗流自由面下方的区域 Ω_1 为渗流实域,渗流自由面上部的区域 Ω_2 为渗流虚域,相应地位于 Ω_1 和 Ω_2 中的单元和结点分别称为实单元与虚单元以及实结点与虚结点;固定网格求解时,定义中间处于渗流自由面的单元为过渡单元,由所有过渡单元构成的计算域为过渡域。

　　为了求解式(2-39)~式(2-44)渗流问题,若事先知道实域 Ω_1 的大小,基于变分原理,式(2-44)和式(2-45)分别为上述问题的求解泛函数和有限单元法代数方程组(取 $Q=0$),式(2-45)的解 $\{h\}$ 即为渗流场的水头解,无须迭代求解。

$$\prod(h) = \frac{1}{2}\int_{\Omega_1} k_{ij}\frac{\partial h}{\partial x_i}\frac{\partial h}{\partial x_j}\mathrm{d}\Omega \tag{2-44}$$

$$[K_1]\{h_1\} = \{Q_1\} \tag{2-45}$$

式中：$\Pi(h)$ 为泛函数；Ω_1 为渗流实域；$\{Q_1\}$、$[K_1]$ 和 $\{h_1\}$ 为渗流实域对应的结点等效流量列阵、传导矩阵和结点水头列阵。

但是在实际工程中，渗流场实际渗流域的大小、逸出面的大小及渗流自由面的位置都是无法得知的。渗流实域 Ω_1 的大小也无法得知，上述方程的求解是典型的边界非线性问题，需通过相应迭代计算之后方能求出渗流场的真解。

$$[K]\{h\} = \{Q\} - \{Q_2\} + \{\Delta Q\} \qquad (2\text{-}46)$$

式中：$\{Q\}$、$[K]$ 和 $\{h\}$ 分别为计算域 $\Omega = \Omega_1 \cup \Omega_2$ 的等效结点流量列阵、总传导矩阵和结点水头列阵；$\{Q_2\}$ 为虚域的等效结点流量列阵；$\{\Delta Q\}$ 为虚域中过渡单元和虚单元所贡献的结点虚流量列阵，$\{\Delta Q\} = [K_2]\{h\}$。

式(2-46)中过渡单元及虚单元的处理为了消除过渡单元和虚单元的虚流量贡献，才有了式(2-46)右端 $\{Q_2\}$ 和 $\{\Delta Q\}$ 的结点虚流量单元项。工程仿真分析实践证明，过大的渗流虚域 Ω_2 会影响迭代求解计算时的收敛性。因此，在迭代计算时应丢弃尽可能多的虚单元，但又要确保自由面处处都留有一定大小的虚区，以保证解的正确性。过渡单元只是一部分位于渗流虚域 Ω_2 内，在计算这些单元的传导矩阵时需进行修正，以达到完全消除单元虚区部分的结点虚流量贡献，目前最简单也是最实用的办法是适当增加过渡单元在高度方向（x_3 方向）上的高斯积分点，在计算单元传导矩阵时，当积分点的压力水头为负时不对该点进行积分，而将过渡单元作为实单元对待。经过多种方法的比较，无论是从理论分析还是从实际计算结果的比较来看，这种对过渡单元的数值处理方法最为简单有效，一般得到的解的精度也最为满意。

对于可能渗流逸出面的处理，由于事先不知道渗流逸出面的具体位置，因此实际计算时，处理方法有两种：一种是先利用式（2-43）中的第二式将整个可能渗流逸出面视为已知水头的第一类边界条件，当中间解求出后再计算渗流逸出面上的结点渗流量。将求得结点渗流量大小符合式（2-43）要求的结点在下一步的迭代求解中仍看作已知水头结点，否则那些为入渗流量的结点的 $h = x_3$ 的已知水头条件不符合渗流场逸出面的渗流物理意义。下一步的迭代求解中应事先将它们视作位于虚域中的结点，将之前的第一类边界条件视作不透水的第二类流量边界或自然边界条件，以符合实际情况。另一种处理方法与之相反，首先利用式（2-43）中的第一式流量边界条件，而第二式水头条件为后验条件，即可先将整个可能渗流逸出面看作不透水边界条件，据中间解结点水头小于或大于位置高度来判定相关结点是位于真实逸出面的，还是位于虚逸出面的，将真实逸出面上的结点逐步由假定的不透水边界转化为透水边界条件。需指出的是,这两种对可能渗流逸出面的处理方法在理论上都是严密的,没有任何人为的近似处理,完全满足了式(2-43)中两式的边界条件要求,是确保取得渗流场正确解的关键步骤之一。

2.3.3　渗流量计算

为了提高渗流量的计算精度,本次计算采用达西定律渗流量计算的"等效结点流量法"来计算渗流量,从理论上而言该法的计算精度与渗流场水头解的计算精度相同,见下式:

$$Q_S = -\sum_{i=1}^{n} \sum_{e} \sum_{j=1}^{m} k_{ij}^e h_j^e \tag{2-47}$$

式中:n 为过水断面 S 上的总结点数;$\sum_e$ 为对计算域中位于过水断面 S 一侧的那些环绕结点 i 的所有单元求和;m 为单元结点数;k_{ij}^e 为单元 e 的传导矩阵 $[k^e]$ 中第 i 行第 j 列交叉点位置上的传导系数;h_j^e 为单元 e 上第 j 个结点的总水头值。

该法避开了对渗流场水头函数的微分运算,而是把渗过某一过流断面 S 的渗流量 Q_S 直接表达成相关单元结点水头与单元传导矩阵传导系数的乘积的代数和,进而大大提高了达西定律渗流量的计算精度,解决了长期以来困扰有限单元法渗流场分析时渗流量计算精度不高的问题。

2.4　结点虚流量法渗流分析工程应用实例

南水北调中线工程某标段根据现场的地质情况及建筑物情况,针对提供的渠道 162+346—164+635 段地质参数,选择典型地质断面建立有限元模型,有限元模型的建造必须考虑计算精度(或计算量)与分析费用(包括建模时间和计算分析时间等)的平衡,对细部结构加以必要的简化和概化,以避免过分追求局部精确而导致有限元剖分难度和计算量的显著增加。对渠道渗流场的模拟采用 8 节点 6 面体等参单元,计算域选取思路基于下述假定:

(1)渠道 162+346—164+635 段范围(包括渠道左右岸)潜水位相同,各降水井的尺寸和深度以及降排水效果保持一致。

(2)基坑已经形成,不考虑开挖过程的降排水。

(3)渠道未设置排水措施,且未衬砌。

基于上述假定,结合招标投标阶段(称为投标方案)和工程实际的降水井布置方案,依据渠道 162+346—164+635 段典型剖面(见图 2-2),设计三种降水方案,进行彼此间的对比优选。剖分三套计算网格如下。

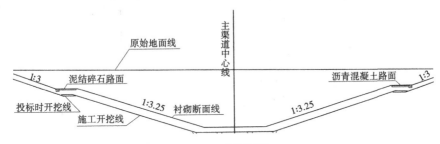

图 2-2　典型剖面

(1)降排水方案一,在招标地质条件下仅在一级马道处布置降水井,具体如下:建模时考虑渠道左右岸和降水井布置的对称性,即每眼井深 25 m,井距 30 m,对称布置在开挖两纵向边坡一级马道上。剖分后网格如图 2-3 所示,其中节点 13 822 个,单元 11 848 个。

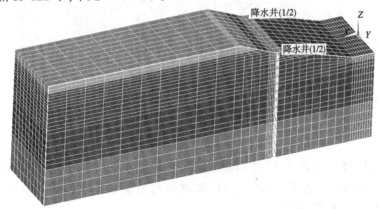

图 2-3　方案一计算网格模型(一级马道降水井布置方案)

(2)降排水方案二,即在实际地质条件下采取在一级马道布置降水井和渠底同时布置降水井和井点的方案。该方案在平面上采用对称布置,马道井间距 30 m、井深 25 m,渠底井间距 15 m、井深 20 m,降水井直径 0.6 m,井点间距 1 m、深 5 m。由于该方案降水方案的设置非常复杂,网格剖分难度和前处理工作量极大,因此考虑到左右岸和降水井、井点布设的对称性,优化模型计算域如图 2-4 所示,并结合图 2-2 进行网格剖分,剖分后网格如图 2-5 所示,其中节点 36 455 个,单元 32 536 个。

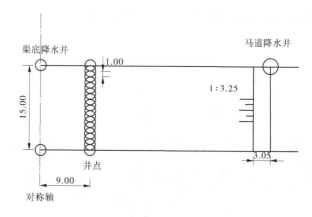

图 2-4　计算域示意图　（单位:m）

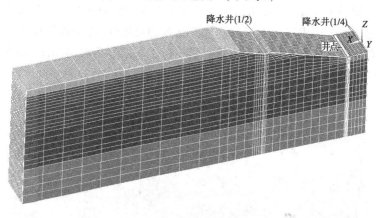

图 2-5　方案二计算网格模型

（3）降排水方案三,同为实际地质条件,较方案二仅不考虑轻型井点降水的情形,构成第三方案。除井点外,该网格与方案二基本相同,剖分后结点 30 375 个,单元 27 160 个。

网格剖分时,充分考虑实际地质条件(以招标投标阶段提供的地层分布为准)、渠道断面形式(包括一级马道)以及降水井布置。这里需要指出的是,为了减少网格剖分工作量,建模时考虑渠底约 1 m 深齿槽影响(模型直接以齿槽底部平面为底面),此时计算所采用的地下水位按齿槽为最低开挖面,因此分析时只需考虑渠底地下水位降至底部以下 0.5 m 以上。模型坐标原点选取以 x 轴表示左右岸方向,y 轴表示沿渠道水流方向,z 轴表示高度方向,坐标原点位于渠底偏一侧中间(如图 2-2 和图 2-4 所示)。

网格密度上除降水井周围采取加密网格处理外,其余按正常网格尺寸,降水井网格如图 2-6 所示。左右岸长度取渠道两侧一级马道降水井排距的 2 倍;为了控制网格数量和降低剖分难度,从工程保证安全角度考虑,将基底剖分至最低开挖面,地层分布从上到下分别为 Q_2 粉质黏土、粉质黏土和 N 砂岩 (渗透系数见表 2-1)。

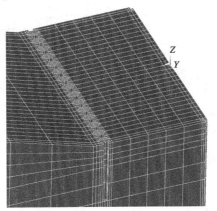

图 2-6　渠底降水井和井点网格(局部放大)

2.4.1　典型截面选取

为便于进行计算结果分析,针对三种降水井布置方案,分别选取典型截面。

2.4.1.1　方案一

选取典型截面如图 2-7 所示,其中 A—A 截面为模型中截面,即 $y = 0$ m; B—B 截面为模型边截面,即 $y = 15$ m。

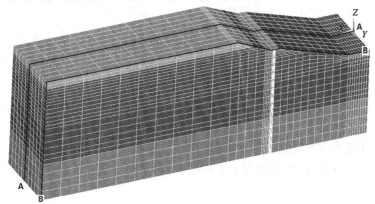

图 2-7　方案一典型截面

2.4.1.2　方案二和方案三

选取典型截面如图 2-8 所示,其中 C—C 为模型中截面,即 $y = 0$ m;D—D 为模型 $y = -7.5$ m 截面;E—E 为模型 $y = 7.5$ m 截面。

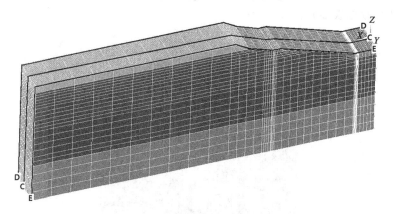

图 2-8　方案二和方案三典型截面

计算域四周截取边界条件分别假定为:计算域的上游截取边界、下游截取边界[渠道两侧(y 向)]以及底边界均视为隔水边界面;渠道左右岸(x 向)和降水井内考虑为已知水头边界;边坡、一级马道以及渠底考虑为可溢出边界。

2.4.2　计算参数及方案优选标准

各土层渗透系数计算取值见表 2-1。

表 2-1　各土层渗透系数计算取值　　　　　　　　　单位:cm/s

方案		Q_2 粉质黏土	粉质黏土	N 砂岩
招标地质		5.35×10^{-5}	5.35×10^{-5}	3.73×10^{-6}
实际地质	大值	—	—	1.27×10^{-1}
	小值	—	—	8.62×10^{-3}
	计算取值	5.35×10^{-5}	5.35×10^{-5}	6.781×10^{-2}

以降排水方案能将渠底地下水位降至距离底部以下 0.5 m 以上(本工程考虑渠底 1 m 深齿槽,需降至 1.5 m 以上)为渠道干地施工的控制标准。

2.4.3　方案一仿真分析

为量化渠道降排水方案一的合理性,通过建立数值模拟模型,模拟降排水效果。

根据地质图册,渠段潜水位大部分位于高程 140.8 m,最低开挖面高程 127.6 m(齿槽底面),要求降水到最低开挖面以下 0.5 m。本仿真计算的目的旨在确定渠道降排水方案一的可行性,依据要求对地下水位距离渠底板 13.22 m 设定工况。

方案一计算工况设定见表 2-2,渗透系数取值见表 2-1。

表 2-2　方案一计算工况设定

工况	降水井间距/m	地下水位/m	
		距离开挖面	高程
F1	30	13.22	140.82

对表 2-2 计算工况分别进行仿真计算,计算结果如表 2-3、图 2-9、图 2-10 所示。其中,表 2-3 为方案一在表 2-1 所示地质条件下最大降水能力时,渠底地下水位和单井抽水量成果统计;图 2-9、图 2-10 为地下水位 13.22 m 时典型截面的水头等值线图。需要指出的是,为了便于分析,本书图表中所示的“0.0 m”均表示渠底或基坑底部所在水平面,与此相对,“A 值”表示高于渠底 A m,“−A 值”表示低于渠底 A m,其对应高程可见表 2-3。后文分析时均以此方法,不再赘述。综上所述,在招标地质条件下,方案一能够满足各个时期抽水需求,从而保证渠道干地施工要求,即方案一在招标地质条件下可行。

表 2-3　招标地质条件下方案一仿真计算结果

工况	潜水位/m		渠底地下水位/m		单井最大抽水量	
	距离渠底	高程	距离渠底	高程	m³/h	m³/d
F1	13.22	140.82	−0.85	126.75	0.18	4.32

仿真计算针对降水井最大降水能力时的情况展开。由计算结果可知,地下水位 13.22 m 时,渠底最高水位为−0.85 m,满足干地施工的要求,相应的单井最大抽水量为 0.18 m³/h,满足方案一的抽水方案。

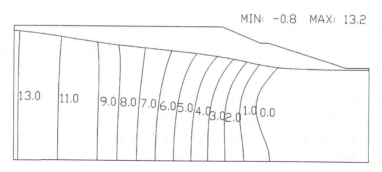

图 2-9　工况 F1 地下水位 13.22 m 时 A—A 截面水头等值线 （单位:m）

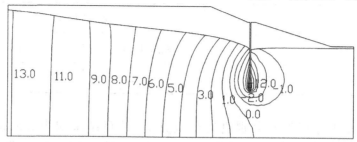

图 2-10　工况 F1 地下水位 13.22 m 时 B—B 截面水头等值线 （单位:m）

2.4.4　方案二、方案三仿真分析

　　水位和地层分布同 2.4.3 节。实际地质条件下方案二和方案三计算工况设定见表 2-4,渗透系数取值见表 2-1 实际地质,其中工况 F2 和工况 F3 的主要区别在于渠底是否有轻型井点降水。

表 2-4　实际地质条件下方案二和方案三计算工况设定

工况	一级马道降水井间距/m	渠底降排水/m		地下水位/m	
		降水井	轻型井点	距离开挖面	高程
F2	30	15	1	13.22	140.82
F3		15	—	13.22	140.82

　　实际地质条件下所描述的关键地层 N 砂岩的渗透系数比招标地质条件下大 3~4 个数量级,使得土层渗透能力大幅增大,降排水难度加大,方案一难以满足要求。为了论证方案二(在方案一中一级马道降水井布设的基础上增

加了渠底降水井和井点降水)的合理性,设定方案三(实际方案不布置井点降水情况)作为方案二的比较(见表 2-4),便于降排水方案优选。

2.4.4.1　方案二仿真分析

由于方案二采用了多种降排水措施组合,渠道降水过程极其复杂,且由于渗透系数很大,单纯地求解最大降水能力会导致抽水量很大而缺乏实际意义。方案二的仿真分析在改进的结点虚流量法的基础上采用反演方法,设定条件如下。

1. 限定单井抽水量

由方案二可知,渠底降水井内配备 2 寸潜水泵,型号 175QJ20-30,额定流量 20 m³/h,扬程 30 m;渠底井点间距 1 m,每 20 m 为一组,配备 QS40-60/10-7.5 排水,额定流量 40 m³/h,因每 20 m 左右渠底两侧共布置约 40 眼井点,设定单个井点流量约为 1 m³/h;一级马道降水井选用 150QJ10-50/7 型潜水泵,扬程 50 m,相应流量 10 m³/h,功率 3 kW。为此,在方案二中,为了便于寻优辨识和考虑计算误差的影响,设定流量限值见表 2-5,即当计算各单个降水井/井点的流量值同时满足表 2-5 限值时,寻优完成。

表 2-5　方案二单个降水井/井点流量限值

序号	降水信息	间距/m	流量/(m³/h)		说明
			上限	下限	
1	一级马道降水井	30	10	9.0	
2	渠底降水井	15	20	19.0	
3	渠底井点	1	1	0.95	单个井点平均限定流量

2. 设定判定条件

当满足限定单井抽水量条件时,方案二是否可行,取决于渠底地下水位,即判断渠底(齿槽底部)以下最高地下水位距离渠底(齿槽底部)是否达到或超过 0.5 m。

3. 寻优迭代次数设定

由于一级马道降水井、渠底降水井以及渠底井点降水的抽水量相互影响,以上设定可能存在多个最优解,因此本次设定寻优次数 $l = 100$ 次,当完成 100 次的寻优次数后,结束程序,并输出所有满足设定判定条件和设定寻优迭代次数的解,然后选择最优解。

4. 结果分析

在寻优完成后,没有产生最优解,则认为该方案无法同时满足抽水量的限值要求,方案不可行。

经过反演计算,形成成果如表 2-6 和图 2-11～图 2-13 所示。其中,表 2-6 为方案二在补充水文地质条件下,渠底地下水位和单井抽水量成果统计;图 2-11～图 2-13 为地下水位 13.22 m 时,典型截面的水头等值线图。

表 2-6   方案二、方案三仿真计算结果

工况	潜水位/m		渠底水位/m		单井最大抽水量			潜水泵型号
	距离渠底	高程	距离渠底	高程	位置	m³/h	m³/d	
F2	13.22	140.82	0.67	126.93	马道	9.39	225.36	175QJ20-30
					渠底	19.71	473.04	150QJ10-50/7
					井点	0.97	23.28	QS40-60/10-7.5
F3	13.22	140.82			马道	52.90	1 269.6	175QJ20-30
					渠底	17.41	417.84	150QJ10-50/7

由反演结果可知,地下水位 13.22 m 时,渠底最高地下水位为 -0.67 m,满足干地施工的要求,相应的单井抽水量分别为 9.39 m³/h(一级马道)、19.71 m³/h(渠底)和 0.97 m³/(h·个)(井点),满足表 2-5 的限值要求,且渠底最高地下水位超过 0.5 m,满足要求,该方案二可行。

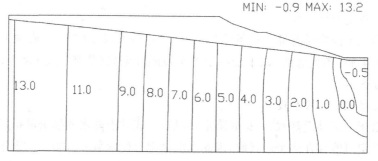

图 2-11   工况 F2 地下水位 13.22 m 时 C—C 截面水头等值线   (单位:m)

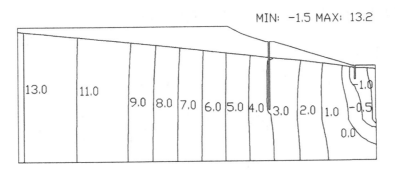

图 2-12　工况 F2 地下水位 13.22 m 时 D—D 截面水头等值线　（单位：m）

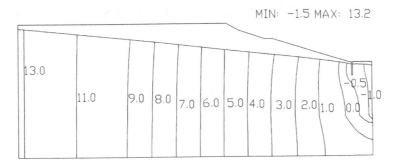

图 2-13　工况 F2 地下水位 13.22 m 时 E—E 截面水头等值线　（单位：m）

2.4.4.2　方案三仿真分析

考虑到方案三同样有两种不同的降排水组合,拟采用反演的方法。作为方案二的对比方案,为了便于说明和比较,以方案二的渠底最高地下水位-0.67 m为限值。为了减少寻优次数,设定渠底以下的最高地下水位计算值 s 的绝对误差在一定范围即认为满足要求,本次设定目标函数 $F(s) = |s-0.67| < \varepsilon_0$,$\varepsilon_0$ 为给定一个正小值,本次取 $\varepsilon_0 = 0.05$ m;设定最大寻优次数 $l_{max} = 100$ 次。为了获得唯一解,反演时设定一级马道降水井和渠底降水井水位寻优过程中保持一致。

经过反演计算,形成成果如图 2-14~图 2-16 所示。其中,图 2-14~图 2-16为地下水位 13.22 m 时,典型截面的水头等值线图。

由反演结果可知,地下水位 13.22 m 时,渠底最高地下水位为-0.64 m,满足限值要求,相应的单井抽水量分别为 52.90 m³/h(一级马道)、17.41 m³/h(渠底)。由此可知,渠底的单井抽水量满足 150QJ10-50/7 型潜水泵的抽水能力,但是,一级马道的抽水量达到 52.90 m³/h,所选泵型均不能实现抽水量需求,因此从泵型上来看,方案三是不可行的。

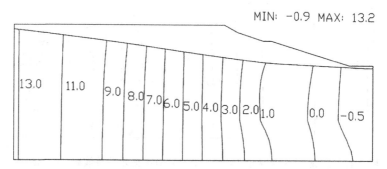

图 2-14　工况 F3 地下水位 13.22 m 时 C—C 截面水头等值线　(单位:m)

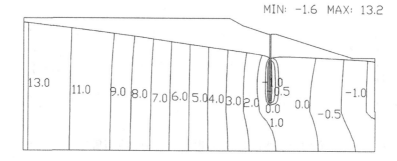

图 2-15　工况 F3 地下水位 13.22 m 时 D—D 截面水头等值线　(单位:m)

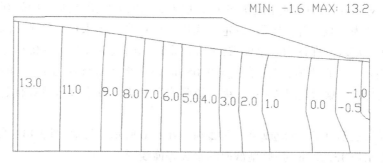

图 2-16　工况 F3 地下水位 13.22 m 时 E—E 截面水头等值线　(单位:m)

2.4.4.3　方案二和方案三对比分析

若以 500 m 渠道为例,则方案二在一级马道布设降水井 34 眼(间距 30 m,2 排),渠底布设 34 眼(间距 15 m,1 排),渠底布设轻型井点 1 000 眼(间距

1 m,2 排),则按照表 2-6 工况 F2 计算可得,500 m 渠道总抽水量 $Q_2 = 34 \times$ 9.39+34×19.71+1 000×0.97=1 959.4(m³/h)。方案三在一级马道布设降水井 34 眼(间距 30 m,2 排),渠底布设 34 眼(间距 15 m,1 排),则按照表 2-6 工况 F3 计算可得,500 m 渠道总抽水量 $Q_1 = 34 \times 52.90 + 34 \times 17.41 = 2$ 390.54 (m³/h)。显然,$Q_2 < Q_1$,即使方案三采用加大抽水泵(流量超过 52.90 m³/h)来满足一级马道降水井的抽水需求,其优越性仍不如方案二。

2.4.5 计算结果分析

在深基坑降排水方案中,一般采用轻型井点降水或者降水井降水,而所选取的工程应用实例涵盖了以上两种降水方法,计算过程是基于施工单位提供的招标投标文件、现场实际方案、抽水试验等资料开展的。由此得出的结论如下:

(1)方案能够满足招标水文地质条件下的降水要求,即将渠底地下水位降低至渠底以下 0.5 m 以上(理论可达 0.85 m 以上),确保渠道能够干地施工,说明降排水方案一在招标水文地质条件下具备可行性。

(2)方案二在渠底管井内配备 2 寸 175QJ20-30 型潜水泵、渠底井点配备 QS40-60/10-7.5 排水以及一级马道降水井配备 150QJ10-50/7 型潜水泵时,能够确保渠道干地施工,说明降排水方案二在实际地质条件下具备可行性。

(3)方案三在渠底管井内配备 2 寸 175QJ20-30 潜水泵以及一级马道降水井配备 150QJ10-50/7 型潜水泵时,一级马道抽水量达到 52.90 m³/h,远远超过所配泵型的额定流量,说明降排水方案三在实际地质条件下不具备可行性,但可通过加大抽水泵实现。

(4)即使方案三采用了加大抽水泵满足一级马道降水井抽水流量的要求,但渠道总抽水量远大于方案二,仍不是优选方案。

上述计算分析对工程实际施工过程进行了科学有效的指导。现场施工情况证明仿真分析结果完全可以采纳,说明改进的结点虚流量法用于深基坑渗流特性分析是科学的,分析结果是有效的。

2.5 本章小结

本章对渗流分析的基础理论如达西渗透定律、渗流的连续性方程、微分方程及定解条件一一做了叙述。渗流有限元法是通过利用变分原理将渗流基本微分方程及其边界条件转变为泛函极值问题来得以实现的。

　　此外,介绍了深基坑渗流场分析的基本原理和方程,并对稳定渗流场的有限单元法进行了详细的推导。阐述了结点虚流量法的基本原理和方程,并结合具体工程实例对理论的科学性和分析结果的有效性进行了对比验算,结果证明,结点虚流量法可以科学、有效地应用到深基坑渗流特性分析中。

第 3 章　二维、准三维、真三维对比分析

3.1　工程概况

魏河渠道倒虹吸位于河南省郑州市管城区南曹乡苏庄村南约 300 m 处，工程附近有乡村公路与 102 省道相通，主要由进口渐变段、进口检修闸、管身段、出口节制闸和出口渐变段组成。

倒虹吸起点总干渠桩号为 SH（3）184+771.3，终点桩号为 SH（3）185+120.3，建筑物总长 349 m，其中管身水平投影长 180 m。倒虹吸管身横向为 4 孔，为箱形钢筋混凝土结构，2 联 4 孔，单孔尺寸为 7.0 m×6.7 m（宽×高）。魏河倒虹吸平面布置见图 3-1。

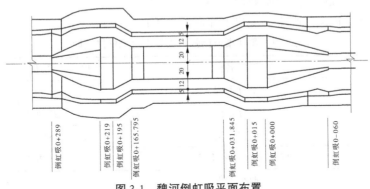

图 3-1　魏河倒虹吸平面布置

魏河渠道倒虹吸主要建筑物由进口至出口依次为：进口渐变段、进口检修闸、管身段、出口控制闸和出口渐变段。

（1）进口渐变段。

进口渐变段长 60 m，墙高从小桩号 9.175 m 到大桩号 11.375 m 不等（不包括底板）。建基面位于第③层中壤土中，局部位于第②层重砂壤土层中。

（2）进口检修闸。

进口检修闸为开敞式钢筋混凝土结构，闸室段顺水流方向长 15 m。闸室共 4 孔，分为 2 联，每联 2 孔，单孔净宽 7.0 m。进口检修闸设置两套检修叠梁

闸门,起吊设备为移动式电动葫芦。建基面位于第③层中壤土中。

（3）管身段。

管身段水平投影长 180 m,包括进口斜管段、出口斜管段和水平段三部分。倒虹吸管身横向共 4 孔,分为 2 联,每联由 2 孔箱形钢筋混凝土结构组成,左、右对称布置,单孔过水断面为 7.0 m×6.7 m(宽×高)。水平管段基础大部分置于第④层中粉质壤土上部,两侧斜管段局部在第③层中壤土下部。

（4）出口控制闸。

出口控制闸为开敞式钢筋混凝土结构,闸室段顺水流方向长 24 m。闸室共 4 孔,分为 2 联,每联 2 孔,单孔净宽 7.0 m。闸室前部设弧形钢闸门,液压启闭机控制;后部设叠梁检修闸门,电动葫芦控制。建基面位于第③层中壤土中。

（5）出口渐变段。

出口渐变段长 70 m,墙高 9.175 m(不包括底板)。建基面位于第③层中壤土中。

施工内容主要包括土方开挖,土方填筑,砌石工程,进口、出口、管身钢筋混凝土,沥青混凝土,地基处理,房屋建筑施工等。

魏河渠道倒虹吸主要土建工程量见表 3-1。

表 3-1　魏河渠道倒虹吸主要土建工程量统计

序号	项目名称	单位	数量	说明
1	土方工程			
1.1	土方开挖	m³	359 087	
1.2	土方填筑	m³	181 485	
1.3	墙后 10%水泥土填筑	m³	5 763	
2	砌石工程			
2.1	M7.5 浆砌石护坡	m³	6 047	
2.2	钢筋石笼护底	m³	5 852	
2.3	碎石垫层(粒径 5~20 mm)	m³	1 907	
2.4	粗砂垫层	m³	214	
2.5	粗砂反滤层	m³	58	
3	混凝土工程			
3.1	C20W6F150 混凝土底板	m³	3 214	

续表 3-1

序号	项目名称	单位	数量	说明
3.2	C20W6F150 混凝土扭曲面	m³	10 142	
3.3	C25W6F150 混凝土闸底板	m³	3 496	
3.4	C25W6F150 混凝土闸墩	m³	4 393	
3.5	C30W6F150 混凝土牛腿	m³	21	
3.6	C30F150 混凝土排架	m³	739	
3.7	C25F150 混凝土检修桥预制安装	m³	290	
3.8	C30 混凝土桥面铺装层	m³	34	
3.9	C30F150 混凝土交通桥板预制安装	m³	125	
3.10	C25W6F150 混凝土门库底板	m³	481	
3.11	C25W6F150 混凝土门库侧墙	m³	910	
3.12	C25W6F150 混凝土门库盖板预制安装	m³	57	
3.13	C30W6F150 混凝土洞身	m³	27 134	
3.14	C10 混凝土垫层	m³	1 696	
3.15	C15 混凝土六角框格护坡预制安装	m³	741	
3.16	钢筋制作安装	t	3 956	
4	止、排水工程			
4.1	密封胶填缝	m³	1.75	
4.2	聚乙烯闭孔泡沫板(密度≥120 kg/m³,厚度20 mm)	m²	6 150	
4.3	紫铜片止水(宽500 mm、厚1.2 mm)	m	2 538	
4.4	遇水膨胀橡胶止水带(宽350 mm、厚10 mm)	m	2 028	
4.5	PVC 排水管(φ110 mm、壁厚2.3 mm)	m	1 514	
4.6	φ250 集水暗管(软式透水管)	m	2 200	
4.7	渠坡逆止阀	个	110	
4.8	土工布(400 g/m²)	m²	1 115	
5	房屋建筑			
5.1	钢筋混凝土框架结构	m²	1 245	

续表 3-1

序号	项目名称	单位	数量	说明
6	基础处理工程			
6.1	CFG 桩造孔及灌注	m	11 995	
7	其他工程			
7.1	普通钢管栏杆(ϕ50 mm)制作安装	t	19.76	
7.2	隔离网	m	330	
7.3	沥青混凝土道路[中粒式沥青混凝土 AC-16I 厚度 5 cm 6%水泥稳定碎石基层厚度 10 cm 水泥石灰稳定土基层(3∶12∶85)厚度 20 cm]	m²	7 000	包括面层、基层及路基
7.4	护坡植草	m²	5 453	

本书超深基坑渗流特性研究对象为魏河渠道倒虹吸段。根据工程实际开挖出的地下水位情况、地质条件,工程的基坑开挖及基础底板结构符合施工要求。在实际施工过程中,降水的目的是:通过降水及时降低基坑开挖范围内含水土层的水位,防止坍塌等不良现象的发生,满足基坑干地开挖施工的要求。由于倒虹吸边坡设计坡比为 1∶1.5,先降水后施工,水位必须降至设计底板高程以下,故在基坑开挖到底时不会对坑底的安全产生影响,因此本方案不考虑承压水的影响。

本渠段多年平均降水量 632.3 mm,多年平均降水日数 79.9 d。降水年内分布很不均匀,年际变化大,70%~80%集中在汛期,夏季受东南季风影响,雨量集中,且多暴雨,年降水量从山区到平原呈递减的趋势。

本段气象要素情况统计见表 3-2。

标段内总干渠沿线交叉河流的河道特征随着集流面积和地形、地貌的变化各有不同,集流面积大于 20 km² 的有 2 条,河道洪水受降水影响较大,且洪水历时较短,在枯水期径流较小。

3.1.1　工程地质条件

魏河渠道倒虹吸场地区域地貌属冲积平原,地形略有起伏,地貌形态简单。河床宽 139 m,两岸呈缓坡,微向河床倾斜。左岸岸边翘起,高出河床 1.82 m。右岸呈缓坡,没有明显的河岸界限。

表 3-2　气象要素情况统计

项目	单位	新郑站	郑州站
多年平均降水量	mm	669.0	632.3
多年平均降水日数	d	82.2	79.9
多年平均气温	℃	14.4	14.4
7 月平均最高气温	℃	31.7	32.1
1 月平均最低气温	℃	−3.8	−4.3
多年极端最高气温	℃	42.5	42.3
多年极端最低气温	℃	−17.9	−17.9
多年平均风速	m/s	2.1	2.5
多年最大风速	m/s	17.7	20.3
最早冻结日期			12 月 13 日
最晚解冻日期			2 月 14 日
最早霜冻初日		11 月 2 日	10 月 27 日
最早霜冻终日		4 月 2 日	3 月 30 日
最大冻土深	cm		27
无霜期	d	298	294

根据工程勘察资料,垂向上场区地层划分为 5 个工程地质单元,自上而下分别为:

①重砂壤土(Q_{2-4}^{al}),层厚 1.40 m,局部为灰色淤泥质土,见有较多蜗牛壳。

②重砂壤土(Q_{1-4}^{al}),左岸厚度为 5.0~7.6 m,上部夹有 1.1~1.4 m 的粉细砂层,下部夹有 0.8~2.0 m 的中细砂层,并含有小砾石。

③中壤土(Q_2^{dl+pl}),厚度为 2.0~5.95 m,局部夹有中砂薄层透镜体。

④中粉质黏土(Q_2^{dl+pl}),层厚一般为 7.6~8.8 m,土质不均,夹重粉质壤土及中砂透镜体。

⑤重砂壤土(Q_2^{dl+pl}),钻孔未揭穿,揭露最大厚度 7.7 m,具微层理,含零星小钙质结核。

场区地震动峰值加速度 0.10g,相当于地震基本烈度Ⅶ度。

地下水为松散类孔隙潜水,赋存于重砂壤土、中粉质壤土及中壤土层中。勘察期间潜水位高程118.36~119.21 m。

倒虹吸管段:水平段基础大部分置于第④层中粉质壤土上部,两侧斜管段局部在第③中壤土下部。地下水位高出倒虹吸底板约15 m,存在基坑涌水问题。

出口渐变段与节制闸段:基础大部分位于第③中壤土中,仅节制闸部位位于第④中粉质壤土层顶部。地下水位高出开挖基坑,存在基坑涌水现象。

3.1.2 水文地质条件

场区属黄河冲积、冲洪积平原,局部砂丘、砂地,钻孔揭露深度范围内地层为第四系松散层,岩性主要为壤土(Q_4、Q_3)、粉细砂(Q_4、Q_3)。该段地下水含水层主要为第四系松散层孔隙含水层组。含水层组主要由第四系黄土状轻壤土、砂壤土、粉细砂组成。粉细砂层渗透系数属中等透水性;黄土状轻壤土、砂壤土渗透系数属中等–弱透水性。勘探期间,地下水位高于渠底板。地下水主要接受大气降水入渗、侧向径流等方式补给,以蒸发、侧向径流及人工开采的方式排泄;根据渠线资料,场区上部潜水水化学类型多为HCO_3—Ca型,沿线环境水水质良好,对混凝土均没有腐蚀性。

3.2 魏河倒虹吸超深基坑二维渗流仿真分析

根据现场的地质情况及建筑物情况,基于招标文件提供的地质参数,选择典型地质断面建立倒虹吸超深基坑二维渗流仿真分析模型。二维渗流运动仿真分析采用理正软件渗流模块,求解采用渗流有限元分析法。考虑计算精度(或计算量)与计算分析时间的平衡,对细部结构加以必要的简化和概化,以避免过分追求局部精确而导致有限元剖分难度和计算量的显著增加。

3.2.1 计算域及计算模型

为了计算方便,因为基坑在垂直于渠道方向是对称的,所以从渠道中央选取左半边建立二维模型。渠道底宽40 m,边坡坡度为1:1.5,渠道基坑高度为16 m。在现场实际施工过程中,经过试验发现,降水井的影响半径为50~100 m,故在基坑顶部取150 m延伸距离。

从上到下各土层的渗透系数分别为10.843 m/d、1.77 m/d、0.83 m/d、2.976 m/d、0.073 9 m/d,见表3-3。依据地质勘察结果,地下水高程一般为118.63~119.21 m,而渠道边坡顶高程为122 m,所以统一地下水高程为119 m。在施工过程中,需保持渠道干地施工作业,即水面需低于基坑底面0.5~1.5 m。在二维渗流仿真分析中,渠道基坑自由水高程为119 m,基坑底部标高为106 m,渠底中央自由水高程取不同值进行仿真分析。二维渗流仿真计算模型如图3-2所示。

表3-3 各土层渗透系数建议值

地质编号	地层岩性	层厚/m	渗透系数建议值	
			cm/s	m/d
①	重砂壤土(Q_{2-4}^{al})	8	12.55×10^{-3}	10.843
②	重砂壤土(Q_{1-4}^{al})	11.5	2.05×10^{-3}	1.77
③	中壤土(Q_2^{dl+pl})	7	9.61×10^{-4}	0.83
④	中粉质黏土(Q_2^{dl+pl})	10	3.445×10^{-3}	2.976
⑤	重砂壤土(Q_2^{dl+pl})	13.5	8.225×10^{-6}	0.073 9

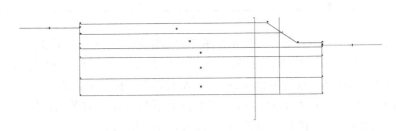

图3-2 二维渗流仿真计算模型

3.2.2 计算工况

根据地质图册,渠段潜水位大部分位于高程119 m,最低开挖面高程106 m,要求降水到最低开挖面以下0.5 m。本仿真计算的目的旨在确定渠道降排水方案一的可行性,依据要求对地下水位距离渠底板13 m设定工况。超深基坑二维渗流仿真分析工况设定如表3-4所示。

表 3-4 超深基坑二维渗流仿真分析工况设定

工况	E1	E2	E3	E4	E5	E6	E7	E8	E9
左侧水位/m	13	13	13	13	13	13	13	13	13
右侧水位/m	8.0	4.0	2.0	1.0	0	−1.0	−2.0	−3.0	−4.0

3.2.3 二维仿真计算结果分析

由表 3-4 可知,工况 E1～工况 E9 中,左侧水位不变,均为 13 m,右侧水位高度逐渐降低,为 8.0～−4.0 m。

在理正软件中设置好截面信息、土层分布、土体特性参数及水位情况后,选择有限单元法进行不同工况的计算分析。具体计算结果如表 3-5 所示。

表 3-5 超深基坑二维仿真分析计算结果

工况	E1	E2	E3	E4	E5	E6	E7	E8	E9
右侧水位/m	8.0	4.0	2.0	1.0	0	−1.0	−2.0	−3.0	−4.0
流量/(m/d)	2.17	5.49	5.72	5.77	5.83	6.22	6.09	6.22	6.20

由计算结果可知,随着右侧水位的下降,流量由 2.17 m/d 逐渐增至 6.22 m/d。但当水位进一步降低时,流量反而稍微增大,而后继续体现出随水位降低流量增大的趋势,且流量在 6.20 m/d 左右徘徊。由此可以得知:

(1)基坑渗流量左侧水位和右侧水位数值与水位差有关,且基本呈现出水位降右侧水位降,两侧水位差增大,渗流量增大的趋势。

(2)基坑渗流量除和基坑周边水位与水位差有关外,还与构成基坑的土层分布及其土体特性参数有关。

(3)基坑渗流量并不随着水位差的变化而持续增加,而是趋近于某一数值。

对各工况下超深基坑某截面的计算求解,并进行结果整理,可得部分工况下超深基坑截面准流网如图 3-3～图 3-10 所示。

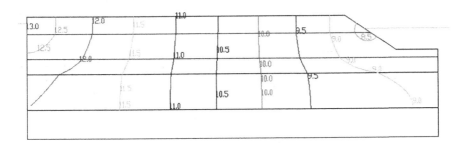

图 3-3　工况 E1 准流网

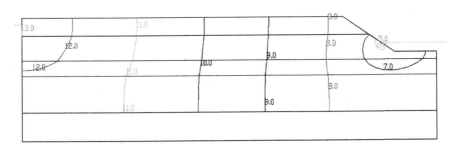

图 3-4　工况 E2 准流网

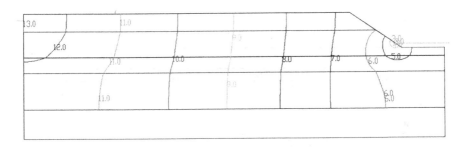

图 3-5　工况 E3 准流网

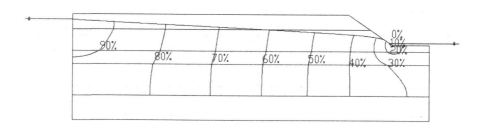

图 3-6　工况 E4 准流网

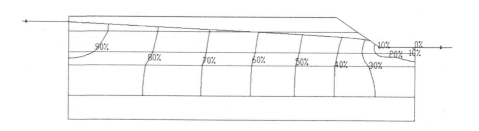

图 3-7　工况 E5 准流网

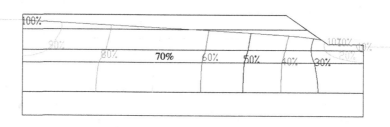

图 3-8　工况 E6 准流网

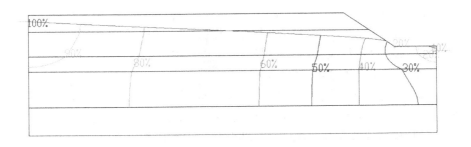

图 3-9　工况 E7 准流网

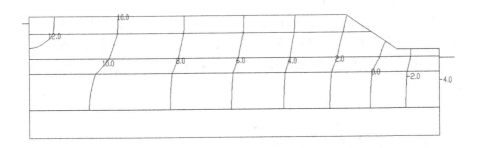

图 3-10　工况 E9 准流网

由表 3-5 及图 3-3~图 3-10 可知,二维分析仅能体现该断面上的土层分布和土体特性参数,不能体现基坑土层全貌。两侧水位和水位差也仅能体现局部代表值,同样不能体现基坑各部分水位情况。换而言之,二维计算的结果仅能当作制定降水草案的定性参考,具体降水方式和降水施工方案的科学论证仅进行二维计算,分析准确度和有效性,并不能得到科学的保证。

3.3　魏河倒虹吸超深基坑准三维渗流运动仿真分析

从二维流运动分析结果可以看出,并不能明确求解出渠道相对真实的渗流状态,所以编写命令流基于 ANSYS 进行三维建模,获得模型结点网格信息,并依据 Fortran 程序进行深基坑三维渗流特性分析。

3.3.1　计算域及计算模型

对超深基坑渗流场的模拟采用 8 结点 6 面体等参单元,计算域选取思路基于下述假定:

(1)倒虹吸基坑范围(包括基坑左右岸)潜水位相同。

(2)基坑已经形成,不考虑开挖过程的降排水。

(3)渠道未设置排水措施,且未衬砌。

基于上述假定,结合招标投标阶段(称为投标方案),依据桩号 SH(3) 146+200—SH(3)152+200 段渠道典型剖面(见图 3-1),剖分一套计算网格。

计算模型的截取边界有两种处理方法:一是按已知水头边界考虑,给定地下水位;二是按不透水边界考虑,这里根据计算结果分析后确定。按照降水井间距 30 m、井深 30 m(投标方案)要求剖分后的整体网格总图,其中剖分后单元 2 736 个,结点数 3 549 个。

网格剖分时,充分考虑实际地质条件(以招标投标阶段提供的地层分布为准)、基坑断面形式。坐标选取以 x 轴表示左右岸方向,y 轴沿倒虹吸水流方向,z 轴表示高度方向,坐标原点位于基坑底右岸正中间(如图 3-11 和图 3-12 所示)。

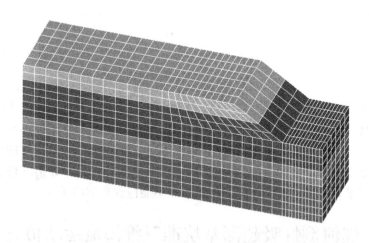

图 3-11　准三维分析计算网格模型

典型截面选取 5 个,如图 3-12 所示,其中 1—1 截面选取渠道左右岸方向右部截面($x=0$ m),2—2 截面选取渠道上下游方向的最前部截面($z=0$ m),3—3 截面选取渠道高度方向的中部截面($y=0$ m),4—4 截面选取渠道高度方向的中部截面($y = -10$ m),5—5 截面选取渠道上下游方向的中部截面($z = -20$ m)。

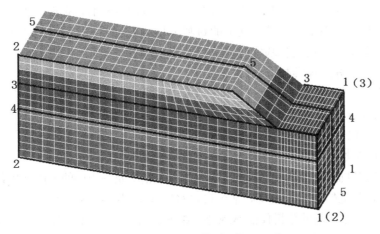

图 3-12　典型截面示意图

3.3.2　计算工况

考虑稳定渗流期情况,深基坑左边界为 13.0 m,相应渠底中央水位分别为 1 m、0 m、−1 m、−2 m、−3 m、−4 m、−5 m、−6 m、−7 m、−8 m 共 10 种工况。

从上到下各土层的渗透系数分别为 10.843 m/d、1.77 m/d、0.83 m/d、2.976 m/d、0 m/d(因为第五层与上层之间渗透系数相差 5 个数量级,所以直接视为相对不透水层,令其渗透系数为 0)。

各工况计算结果如表 3-6 所示。

表 3-6　准三维分析工况设置

工况	ZS1	ZS2	ZS3	ZS4	ZS5	ZS6	ZS7	ZS8	ZS9	ZS10
渠底中央水位/m	1	0	−1	−2	−3	−4	−5	−6	−7	−8
流量/(m/d)	0.04	5.6	6.5	13.05	12.23	7.40	0.46	46.40	107.48	132.19

3.3.3　仿真计算结果分析

根据计算要求,首先进行上述工况的有限元分析,在整理出计算分析结果后,对其渗流特性进行对比分析。

对比渠底中央水位 1 m、0 m、−1 m、−2 m 可知,随着基坑中央水位的降低,基坑某截面渗漏量逐渐增大,且增速明显。可以推断,基坑渗流量和基坑四周水位及水位差有关。

对比−2 m、−3 m、−4 m 计算结果可知,基坑某截面渗漏量并没有随基坑中央水位降低而增大。结合基坑的材料分层和各层材料的渗透系数可知,基坑的渗漏量并不仅仅和基坑四周水位及水位差有关,而且和基坑的材料分层及渗透系数等土体参数有关。

当然,随着基坑中央水位的进一步降低,对比−5 m、−6 m、−7 m、−8 m 的计算结果可知,又体现出了基坑渗漏量和基坑四周水位差成正相关的特性。

综合以上分析可知:

(1)基坑的渗漏量和基坑四周水位、水位差有关。

(2)基坑的渗流量和基坑的土体材料分层情况及各土层的土体参数有关。

(3)基坑的渗流量主要和基坑自由水所在土层的渗透系数有关。

当然,渗漏量的分析仅能体现超二维的分析结果,并不能体现准三维的分析能力。准三维分析能体现三维特性的地方在于可以截取任意截面的水头等值线和水力坡降等参数(当然和建模时单元的尺寸大小有关)。

结合分析结果并对水头等值线图进行处理,各工况不同截面的结果如下:各不同工况下截面 1—1 的计算结果如图 3-13~图 3-22 所示,其中图示等值线单位统一为 m。

MAX: 0.0 MIN: 0.0

图 3-13　工况 ZS1 下截面 1—1 水头等值线

对比 1~−8 m 不同工况可知,随着基坑中央水位的降低,截面 1—1 体现出一定的三维特性。

MAX: 0.0 MIN: 0.0

图 3-14　工况 ZS2 下截面 1—1 水头等值线

MAX: -0.6 MIN: -1.0

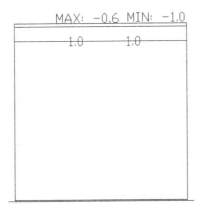

图 3-15　工况 ZS3 下截面 1—1 水头等值线

MAX: -1.4 MIN: -2.0

图 3-16　工况 ZS4 下截面 1—1 水头等值线

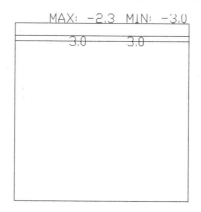

图 3-17　工况 ZS5 下截面 1—1 水头等值线

图 3-18　工况 ZS6 下截面 1—1 水头等值线

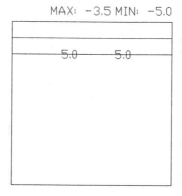

图 3-19　工况 ZS7 下截面 1—1 水头等值线

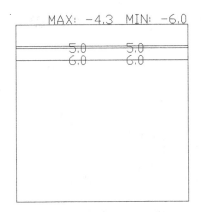

图 3-20　工况 ZS8 下截面 1—1 水头等值线

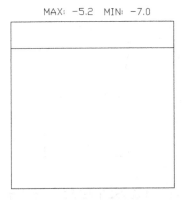

图 3-21　工况 ZS9 下截面 1—1 水头等值线

图 3-22　工况 ZS10 下截面 1—1 水头等值线

各不同工况下,截面 2—2 的计算结果如图 3-23~图 3-32 所示。

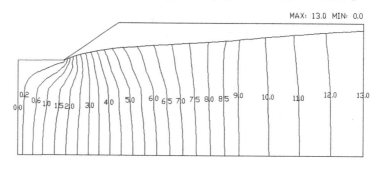

图 3-23　工况 ZS1 下截面 2—2 水头等值线

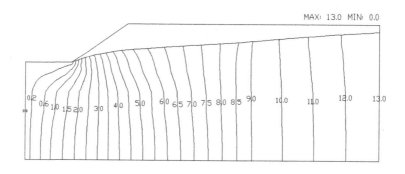

图 3-24　工况 ZS2 下截面 2—2 水头等值线

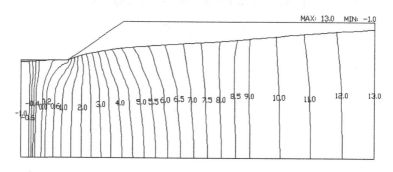

图 3-25　工况 ZS3 下截面 2—2 水头等值线

对比以上结果分析可知,随着基坑中央水位的降低,基坑的渗流特性呈现一定的规律性。随着基坑中央水位的降低,浸润线逐渐降低。当基坑中央水

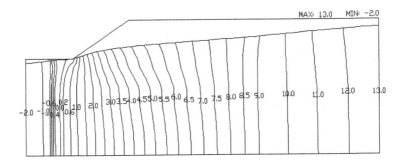

图 3-26　工况 ZS4 下截面 2—2 水头等值线

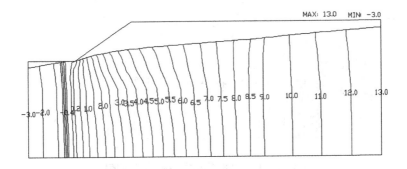

图 3-27　工况 ZS5 下截面 2—2 水头等值线

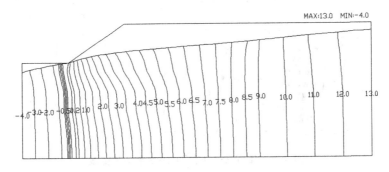

图 3-28　工况 ZS6 下截面 2—2 水头等值线

位降低至 -6 m 时,基坑底部最高水位为 -0.4 m,而基坑干地施工要求水位降
至底部 0.5 m 以下,所以此时并不满足基坑施工的要求。当基坑中央水位为
-7 m 时,基坑底部最高水位为 -1.0 m,完全满足了干地施工的需要。

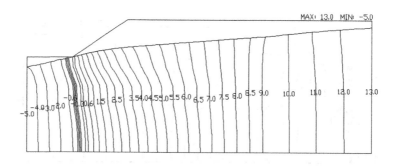

图 3-29　工况 ZS7 下截面 2—2 水头等值线

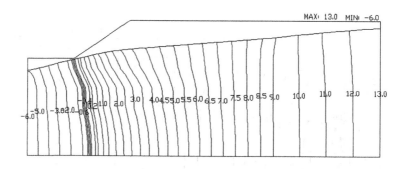

图 3-30　工况 ZS8 下截面 2—2 水头等值线

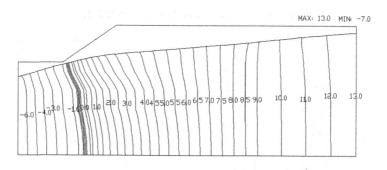

图 3-31　工况 ZS9 下截面 2—2 水头等值线

　　而在实际施工中,该处超深基坑几乎处于魏河倒虹吸原河道处,所以基坑自由水高度普遍处于地表面以下 3 m 处。由以上图可知,基坑施工时是需要降水的。

　　各工况下,截面 3—3 的计算结果如图 3-33~图 3-42 所示。

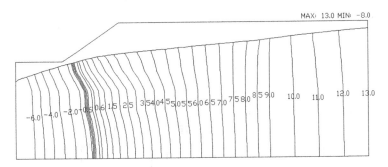

图 3-32 工况 ZS10 下截面 2—2 水头等值线

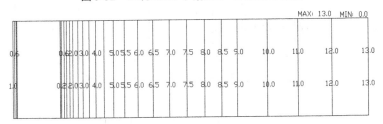

图 3-33 工况 ZS1 下截面 3—3 水头等值线

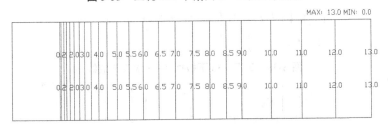

图 3-34 工况 ZS2 下截面 3—3 水头等值线

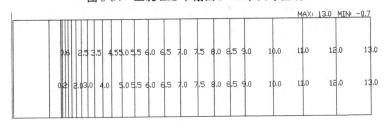

图 3-35 工况 ZS3 下截面 3—3 水头等值线

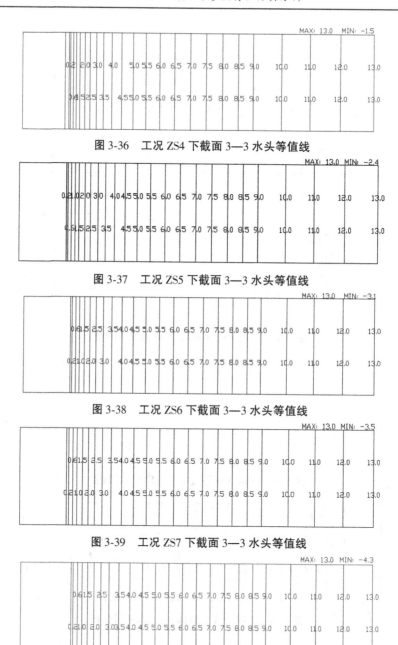

图 3-36　工况 ZS4 下截面 3—3 水头等值线

图 3-37　工况 ZS5 下截面 3—3 水头等值线

图 3-38　工况 ZS6 下截面 3—3 水头等值线

图 3-39　工况 ZS7 下截面 3—3 水头等值线

图 3-40　工况 ZS8 下截面 3—3 水头等值线

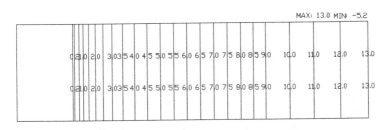

图 3-41 工况 ZS9 下截面 3—3 水头等值线

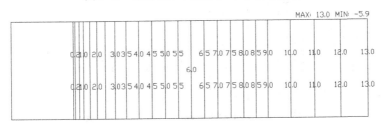

图 3-42 工况 ZS10 下截面 3—3 水头等值线

由图 3-33～图 3-42 可知,随着基坑中央水位的降低,基坑最底面的水位也是逐渐降低的,但基坑溢出面还处于基坑坡脚处,水力坡降比较均匀,压力水头每经历同样距离,下降值基本保持一致,但在中央剖切面附近时,下降比较迅速。

各工况下,截面 4—4 计算结果如图 3-43～图 3-52 所示。

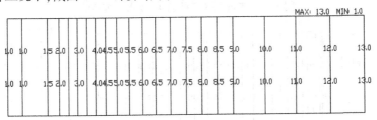

图 3-43 工况 ZS1 下截面 4—4 水头等值线

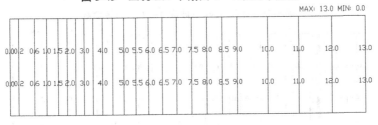

图 3-44 工况 ZS2 下截面 4—4 水头等值线

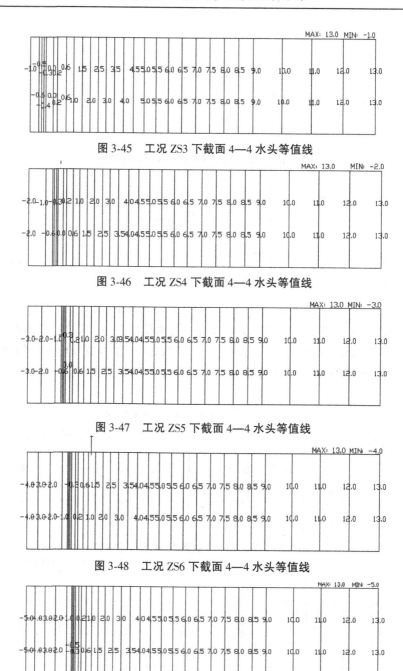

图 3-45　工况 ZS3 下截面 4—4 水头等值线

图 3-46　工况 ZS4 下截面 4—4 水头等值线

图 3-47　工况 ZS5 下截面 4—4 水头等值线

图 3-48　工况 ZS6 下截面 4—4 水头等值线

图 3-49　工况 ZS7 下截面 4—4 水头等值线

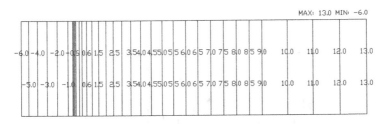

图 3-50　工况 ZS8 下截面 4—4 水头等值线

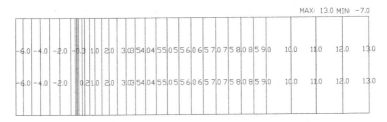

图 3-51　工况 ZS9 下截面 4—4 水头等值线

MAX: 13.0 MIN: −8.0

-6.0 -4.0 -2.0 0 0.21.0 2.0 3.03.54.04.55.05.56.06.57.07.58.08.59.0 10.0 11.0 12.0 13.0

-6.0 -4.0 -2.0 0 0.21.0 2.0 3.03.54.04.55.05.56.06.57.07.58.08.59.0 10.0 11.0 12.0 13.0

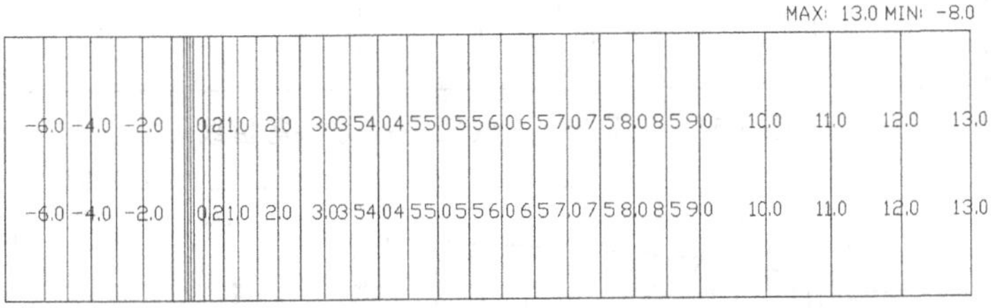

图 3-52　工况 ZS10 下截面 4—4 水头等值线

　　由各工况下截面 4—4 和截面 3—3 计算结果对比可知,超深基坑同一投影面上不同高度的基坑截面,渗流特性是不一致的。同一投影面同一高度的基坑截面在不同工况下的渗流特性也不相同,但此时表现出一定的规律性,可反映出随着基坑中央水位的降低,在基坑三维模型基坑底中央截面,水头与基坑中央水位保持一致,由截面 4—4 也可看出,当基坑中央水位高于−6 m 时基坑是不满足干地施工条件的。

　　各工况下截面 5—5 计算结果如图 3-53~图 3-62 所示。

　　对比各工况下截面 2—2 结算结果可知,各工况下截面 2—2 和截面 5—5 保持一致性。因为三维模型在进行渗流分析时,仅基坑横向给予一定的水头值,即一边恒为 13 m,另一边为 1~−8 m 不等。在计算过程中,假定土体在同一高度的土体参数是一致的。由此可知,截面 2—2 和截面 5—5 的渗流特性也应保持一致性。

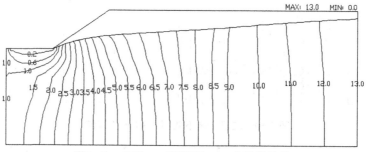

图 3-53　工况 ZS1 下截面 5—5 水头等值线

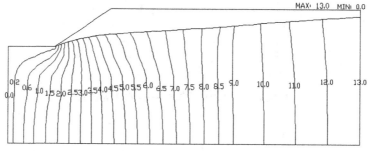

图 3-54　工况 ZS2 下截面 5—5 水头等值线

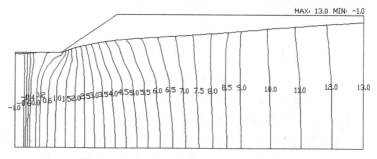

图 3-55　工况 ZS3 下截面 5—5 水头等值线

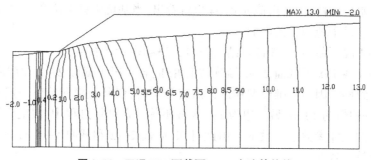

图 3-56　工况 ZS4 下截面 5—5 水头等值线

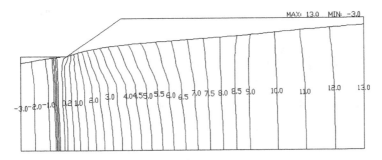

图 3-57 工况 ZS5 下截面 5—5 水头等值线

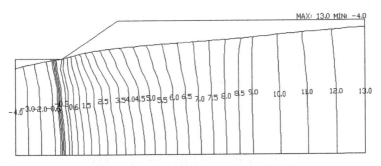

图 3-58 工况 ZS6 下截面 5—5 水头等值线

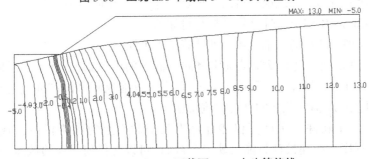

图 3-59 工况 ZS7 下截面 5—5 水头等值线

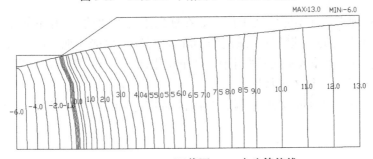

图 3-60 工况 ZS8 下截面 5—5 水头等值线

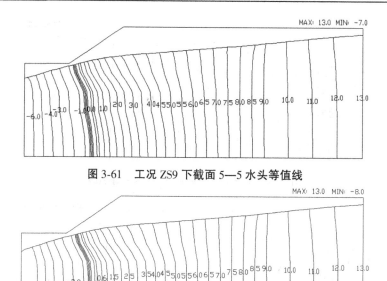

图 3-61　工况 ZS9 下截面 5—5 水头等值线

图 3-62　工况 ZS10 下截面 5—5 水头等值线

对比分析结果和理论分析的结果是一样的,这说明所编制的 Fortran 程序的超深基坑三维渗流特性计算结果是可靠的。

对比理正软件的二维渗流特性计算结果可知:

(1)理正软件仅能反映某确定竖向剖面上的渗流情况,而不能反映横向截面的基坑渗流特性。编制的 Fortran 程序不仅能反映竖向剖面上的渗流情况,而且能反映横向截面的基坑渗流特性。

(2)理正软件一次计算仅能计算出某个截面上的渗流特性,而编制的 Fortune 程序一次建模计算能反映多个截面(可以是任何需要的截面)的渗流特性。

(3)理正软件不能体现土体参数在横向上的变化情况,并不能完全有效地计算出基坑的渗流特性。编制的 Fortune 程序不仅能体现土体参数随高度的变化,而且能输入不同竖向土体参数的不同地质条件,能更加真实、有效地计算出基坑的三维渗流特性。

(4)对比渗漏量可知,编制的 Fortune 程序计算结果更加真实、有效。

3.4　超深基坑真三维渗流特性分析

由前文计算结果可知,在魏河倒虹吸超深基坑施工过程中是需要降水的。结合基坑的深度和基坑周边的土体参数,施工方最终决定选择井点降水。为此,本书根据提供的地质参数,选择倒虹吸超深基坑全断面建立有限元模型,有限元模型的建立必须考虑计算精度(或计算量)与分析费用(包括建模时间和计算分析时间等)的平衡,对细部结构加以必要的简化和概化,以避免过分追求局部精确而导致有限元剖分难度和计算量的显著增加。

3.4.1　三维模型及工况设置

对超深基坑渗流场的模拟采用 8 结点 6 面体等参单元,计算域选取思路基于下述假定:

(1)倒虹吸基坑范围(包括基坑左右岸)潜水位相同,各降水井的尺寸和深度以及降排水效果保持一致。

(2)基坑已经形成,不考虑开挖过程的降排水。

(3)渠道未设置排水措施,且未衬砌。

基于上述假定,结合招标投标阶段(以下称为投标方案)和工程实际的降水井布置方案,依据桩号 SH(3)146+200—SH(3)152+200 段渠道典型剖面(见图 3-63),剖分一套计算网格。

按照降水井布置(如网格模型图所示)、井深 30 m 要求剖分后的整体网格总图,其中剖分后单元 17 456 个,结点数 20 389 个。

网格剖分时,充分考虑实际地质条件(以招标投标阶段提供的地层分布为准)、基坑断面形式以及降水井布置(六边形等效)。坐标以 x 轴表示左右岸方向,y 轴沿倒虹吸水流方向,z 轴表示高度方向,坐标原点位于基坑底正中间(如图 3-64 和图 3-65 所示)。

网格密度除降水井周围采取加密网格处理外,其余按正常网格尺寸,降水井网格如图 3-65 所示。降水井直径 0.4 m,采用正六边形等效;左右岸长度取渠道两侧一级马道降水井排距的 2 倍,结构尺寸如图 3-66 所示。图中最低开挖面位于砂质黏土层中,其余图层按招标投标地质勘测成果,取高程平均值。

计算域四周截取边界条件分别假定为:计算域的渠道上游截取边界、下游截取边界[渠道两侧(y 向)]以及底边界均视为隔水边界面;渠道左右岸(x 向)为已知水头边界;边坡、一级马道以及渠底考虑为可溢出边界;降水井内

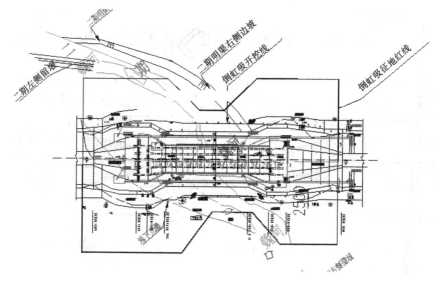

图 3-63 魏河倒虹吸超深基坑开挖示意图

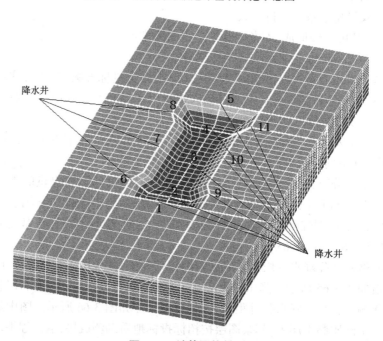

图 3-64 计算网格模型

则根据计算要求,可设定为已知水头边界或可溢出边界,以控制降水井的抽水量。

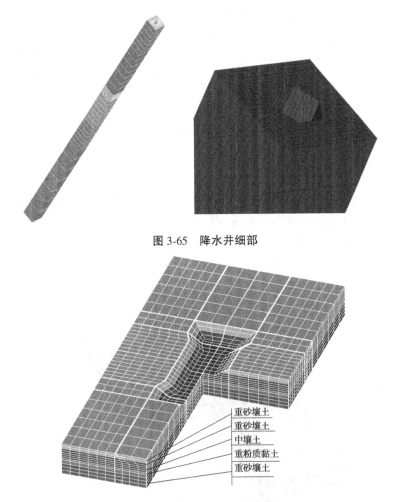

图 3-65　降水井细部

重砂壤土
重砂壤土
中壤土
重粉质黏土
重砂壤土

图 3-66　超深基坑土层示意图

3.4.2　工况设置

本仿真计算的目的旨在进行超深基坑三维渗流特性的探讨研究,依据要求仅对潜水位高程分别为 13 m 设定工况。需要指出的是,为了便于分析,本书图表中的"0 m"均表示渠底中央开挖面所在水平面,与此相对,"A 值"表示高于开挖面 A m,"−A 值"表示低于开挖面 A m,其计算工况见表 3-7。

表 3-7　真三维渗流特性分析工况设定

工况	S1	S2	S3	S4	S5	S6	S7	S8	S9	S10
降水井	—	1	2	3	6	7	2、3、4	6、7、8	1、5、6、7、8	1、5、6、7、8、9、10、11
渗漏量	—	1	2	3	6	7	2、3	6、7	1、6、7	1、6、7

3.4.3　典型截面选取

选取典型截面如图 3-67 所示,其中截面 1—1 为模型纵向中截面,即 $x=0$ m;截面 2—2 为模型横向中截面,即 $y=0$ m;截面 3—3 为基坑坑底截面,即 $z=0$ m;截面 4—4 为基坑坑底对照截面,即 $z=-10$ m;截面 5—5 为模型横向中截面对照截面,即 $y=-20$ m。

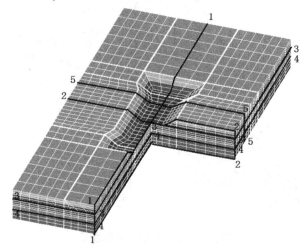

图 3-67　超深基坑真三维分析典型截面

3.4.4　真三维渗流结果分析

各工况下截面 1—1 计算结果分别如图 3-68~图 3-77 所示。

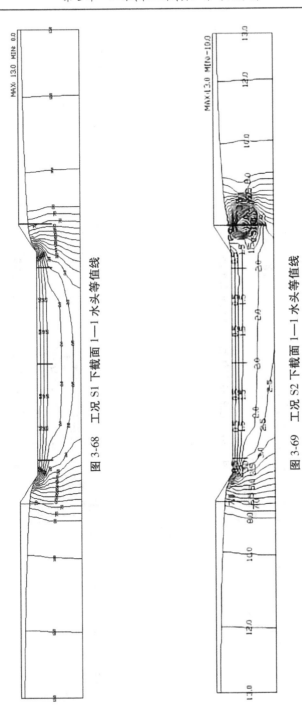

图 3-68　工况 S1 下截面 1—1 水头等值线

图 3-69　工况 S2 下截面 1—1 水头等值线

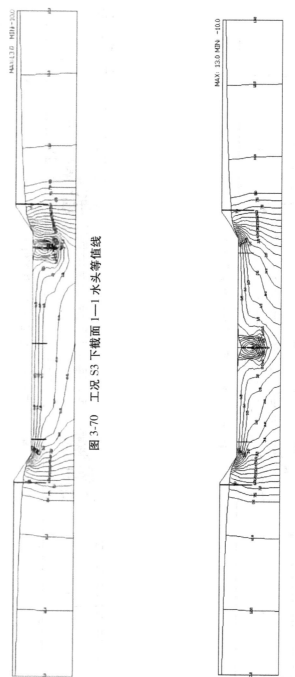

图 3-70 工况 S3 下截面 1—1 水头等值线

图 3-71 工况 S4 下截面 1—1 水头等值线

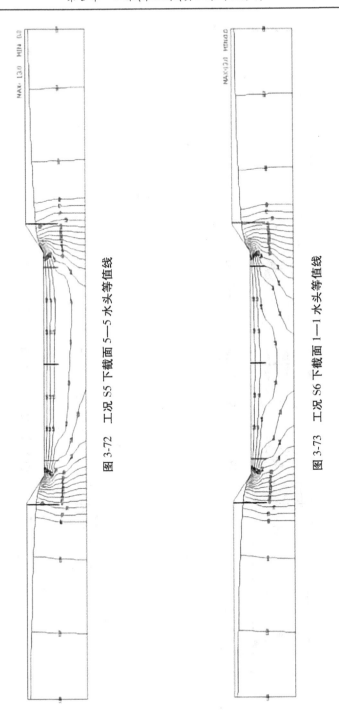

图 3-72　工况 S5 下截面 5—5 水头等值线

图 3-73　工况 S6 下截面 1—1 水头等值线

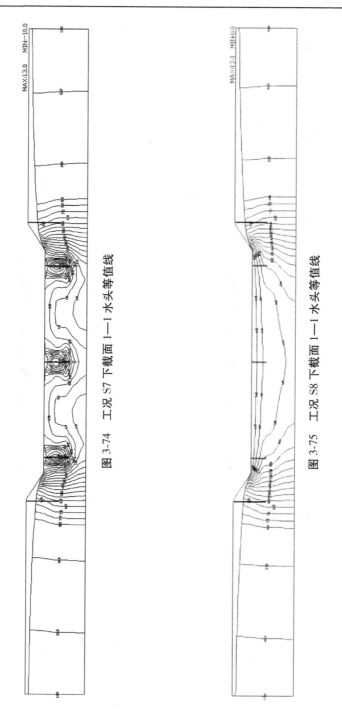

图 3-74 工况 S7 下截面 1—1 水头等值线

图 3-75 工况 S8 下截面 1—1 水头等值线

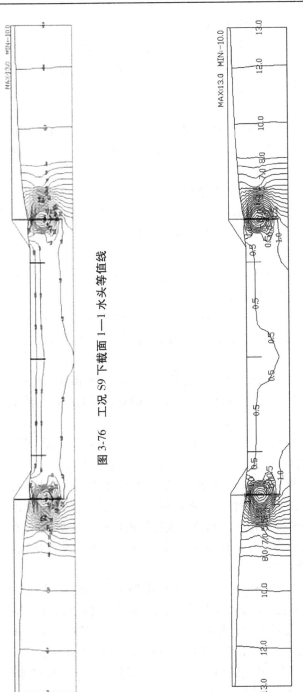

图 3-76　工况 S9 下截面 1—1 水头等值线

图 3-77　工况 S10 下截面 1—1 水头等值线

对比各工况下截面 1—1 水头等值线图：

工况 S1 和其余工况对比可知,降水井的降排作用明显改变了基坑的渗流特性;降水井的降排作用范围有一定的局限性,超过这一范围值,则不能明显地改变基坑的三维渗流特性;不同位置的降水井对基坑的渗流特性影响是不一样的。

工况 S7 和工况 S8 对比可知,降水井之间可以协同降水而且可以相互影响;工况 S7 中基坑底部均布 3 个降水井,对基坑自由水的降排作用明显优于在基坑边坡坡顶边缘布置 3 个降水井;3 个降水井即使在基坑底部也不能完全实现基坑干地施工的要求,降水井的降排能力和影响范围还是一定的。

工况 S9 和工况 S10 对比可知,降水井数量的增加,进一步降低了基坑底部的水位;工况 S10 中基坑底部的降水井作用十分明显,显著地降低了基坑底部中央的水位。

各工况下截面 2—2 计算结果依次如图 3-78~图 3-87 所示。

对比各工况下截面 2—2 水头等值线图：

工况 S1、工况 S2、工况 S3、工况 S5 对比可知,降水井的降排作用范围在纵向上有一定的局限性,超过这一范围值,则不能明显地改变基坑的三维渗流特性。

工况 S4 和工况 S2、工况 S3、工况 S5、工况 S6 相互对比可知,降水井的降排作用、范围有一定的局限性,不同位置的降水井对基坑的渗流特性影响是不一样的。

工况 S4 和工况 S7 相互对比可知,降水井的降排作用、范围有一定的局限性。若降水井间距过大,则彼此间的相互影响可以忽略。

工况 S6 和工况 S8、工况 S9 相互对比可知,在一定范围内,多个降水井共同工作对基坑的渗流特性的影响是同步的。此外,截面 2—2 的左右半幅对比可知,降水井的降排作用对基坑渗流特性的影响十分明显,但在实际施工过程中,采用降水井降排方案时,降水井的布置应尽可能贴近基坑底部边缘,且应该沿基坑边缘均布。

工况 S7 和工况 S8 对比可知,降水井之间可以协同降水而且可以相互影响;工况 S7 中基坑底部均布 3 个降水井,对基坑自由水的降排作用明显优于在基坑边坡坡顶边缘布置 3 个降水井;3 个降水井即使在基坑底部也不能完全实现基坑干地施工的要求,降水井的降排能力和影响范围还是一定的。工况 S9 和工况 S10 对比可知,降水井数量的增加,进一步降低了基坑底部的水位;工况 S10 中基坑底部的降水井作用十分明显,显著地降低了基坑底部中央的水位。

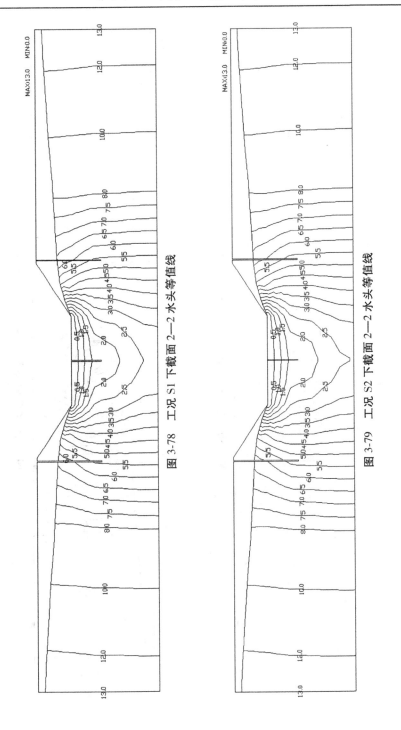

图 3-78 工况 S1 下截面 2—2 水头等值线

图 3-79 工况 S2 下截面 2—2 水头等值线

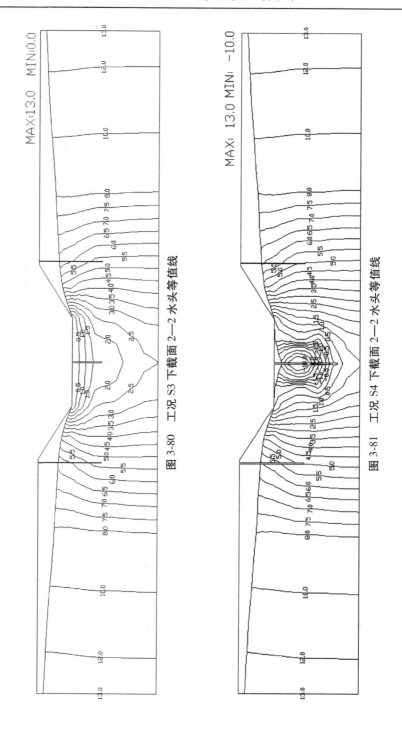

图 3-80　工况 S3 下截面 2—2 水头等值线

图 3-81　工况 S4 下截面 2—2 水头等值线

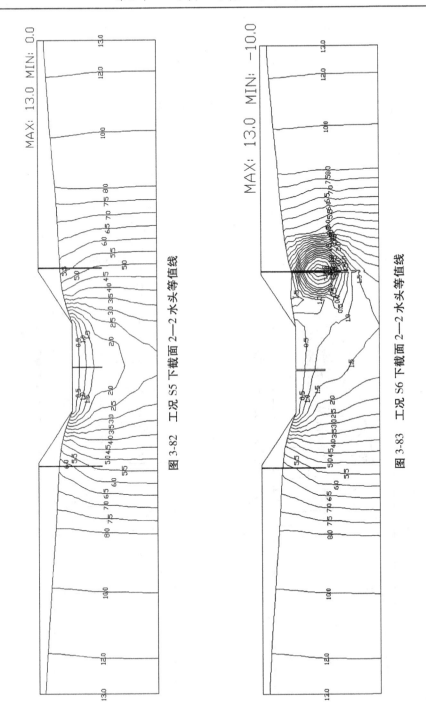

图 3-82　工况 S5 下截面 2—2 水头等值线

图 3-83　工况 S6 下截面 2—2 水头等值线

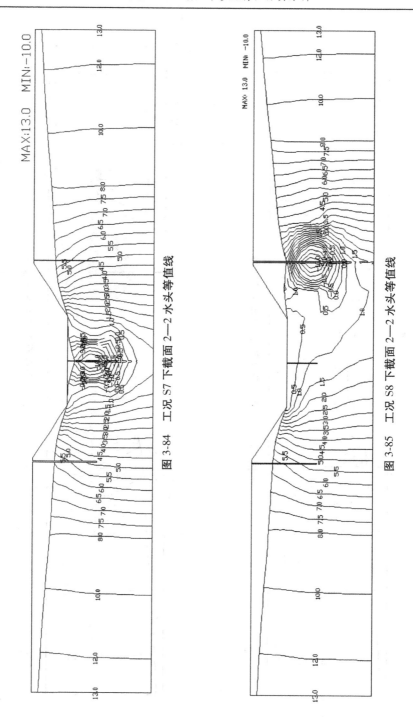

图 3-84 工况 S7 下截面 2—2 水头等值线

图 3-85 工况 S8 下截面 2—2 水头等值线

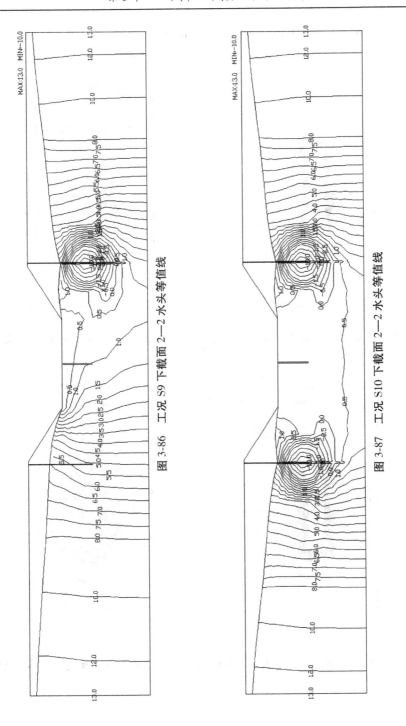

图 3-86　工况 S9 下截面 2—2 水头等值线

图 3-87　工况 S10 下截面 2—2 水头等值线

各工况下截面3—3、截面4—4计算结果如图3-88~图3-107所示。

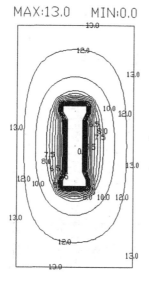 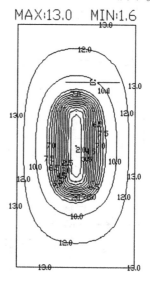

图 3-88　工况 S1 下截面 3—3 水头等值线　图 3-89　工况 S1 下截面 4—4 水头等值线

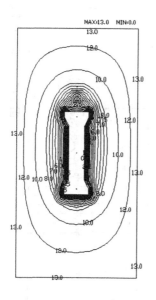 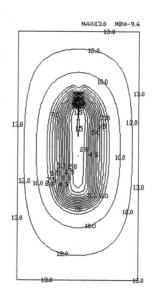

图 3-90　工况 S2 下截面 3—3 水头等值线　图 3-91　工况 S2 下截面 4—4 水头等值线

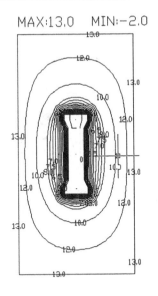

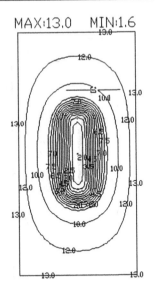

图 3-92　工况 S3 下截面 3—3 水头等值线　　图 3-93　工况 S3 下截面 4—4 水头等值线

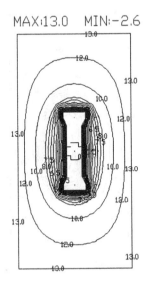

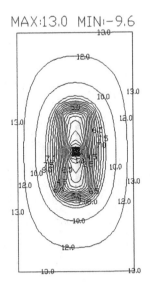

图 3-94　工况 S4 下截面 3—3 水头等值线　　图 3-95　工况 S4 下截面 4—4 水头等值线

MAX:13.0　　MIN:0.0

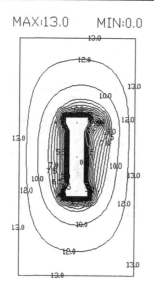

MAX:13.0　　MIN:-9.6

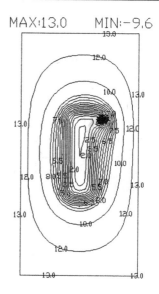

图 3-96　工况 S5 下截面 3—3 水头等值线　　图 3-97　工况 S5 下截面 4—4 水头等值线

MAX:13.0　　MIN:0.0

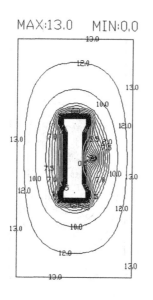

MAX:13.0　　MIN:-9.6

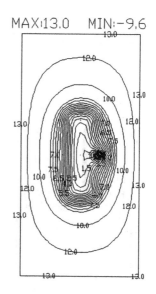

图 3-98　工况 S6 下截面 3—3 水头等值线　　图 3-99　工况 S6 下截面 4—4 水头等值线

MAX:13.0　　MIN:-2.6

MAX:13.0　　MIN:-9.6

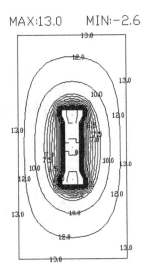
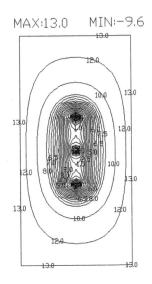

图 3-100　工况 S7 下截面 3—3 水头等值线　图 3-101　工况 S7 下截面 4—4 水头等值线

MAX:13.0　　MIN:0.0

MAX: 13.0　MIN: -9.6

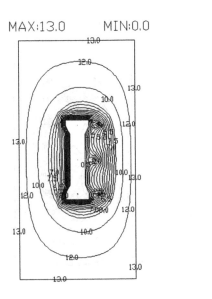
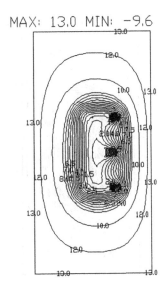

图 3-102　工况 S8 下截面 3—3 水头等值线　图 3-103　工况 S8 下截面 4—4 水头等值线

MAX:13.0　MIN:0.0

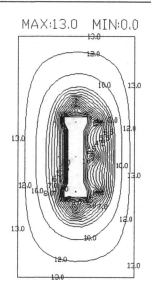

MAX:13.0　MIN:-9.6

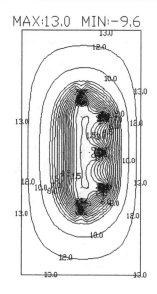

图 3-104　工况 S9 下截面 3—3 水头等值线　图 3-105　工况 S9 下截面 4—4 水头等值线

MAX:13.0 MIN: 0.0

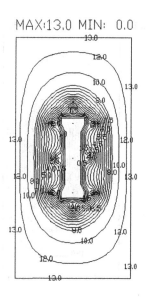

MAX:13.0 MIN:-9.6

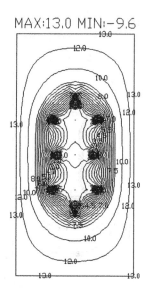

图 3-106　工况 S10 下截面 3—3 水头等值线　图 3-107　工况 S10 下截面 4—4 水头等值线

工况 S1、工况 S2、工况 S3、工况 S5 对比可知,降水井的降排作用范围有一定的局限性,超过这一范围值,则不能明显地改变基坑的三维渗流特性。

工况 S4 和工况 S2、工况 S3、工况 S5、工况 S6 相互对比可知,降水井的降排作用、范围有一定的局限性,不同位置的降水井对基坑渗流特性影响是不一样的。

工况 S4 和工况 S7 相互对比可知,降水井的降排作用、范围有一定的局限性。若降水井间距过大,则彼此间的相互影响可以忽略。

工况 S6 和工况 S8、工况 S9 相互对比可知,在一定范围内,多个降水井共同工作对基坑的渗流特性的影响是同步的。此外,截面 2—2 的左右半幅对比可知,降水井的降排作用对基坑渗流特性的影响十分明显,但在实际施工过程中,采用降水井降排方案时,降水井的布置应尽可能地贴近基坑底部边缘,且应该沿基坑边缘均布。

工况 S7 和工况 S8 对比可知,降水井之间可以协同降水而且可以相互影响;工况 7 中基坑底部均布 3 个降水井,对基坑自由水的降排作用明显优于在基坑边坡坡顶边缘布置 3 个降水井;3 个降水井即使在基坑底部也不能完全实现基坑干地施工的要求,降水井的降排能力和影响范围还是一定的。

工况 S9 和工况 S10 对比可知,降水井数量的增加,进一步降低了基坑底部的水位;工况 S10 中基坑底部的降水井作用十分明显,显著地降低了基坑底部中央的水位。

各工况下截面 5—5 的计算结果如图 3-108~图 3-117 所示。

工况 S1、工况 S2、工况 S3、工况 S5 对比可知,降水井的降排作用、范围有一定的局限性,超过这一范围值,则不能明显地改变基坑的三维渗流特性。

工况 S4 和工况 S2、工况 S3、工况 S5、工况 S6 相互对比可知,降水井的降排作用、范围有一定的局限性,不同位置的降水井对基坑的渗流特性影响是不一样的。

工况 S4 和工况 S7 相互对比可知,降水井的降排作用、范围有一定的局限性。若降水井间距过大,则彼此间的相互影响可以忽略。

工况 S6 和工况 S8、工况 S9 相互对比可知,在一定范围内,多个降水井共同工作对基坑渗流特性的影响是同步的。此外,截面 2—2 的左右半幅对比可知,降水井的降排作用对基坑渗流特性的影响十分明显,但在实际施工过程中,采用降水井降排方案时,降水井的布置应尽可能地贴近基坑底部边缘,且应该沿基坑边缘均布。

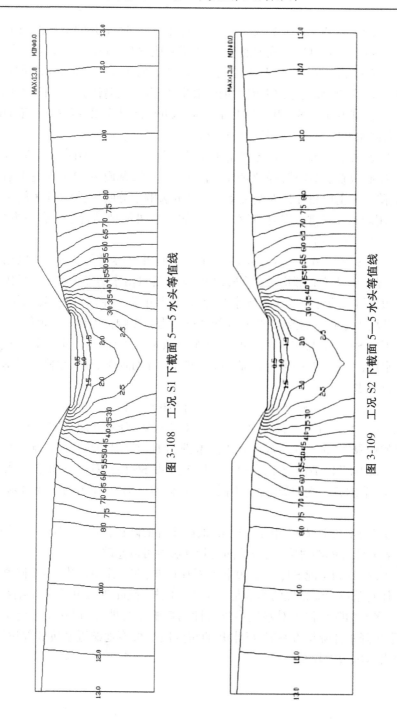

图 3-108　工况 S1 下截面 5—5 水头等值线

图 3-109　工况 S2 下截面 5—5 水头等值线

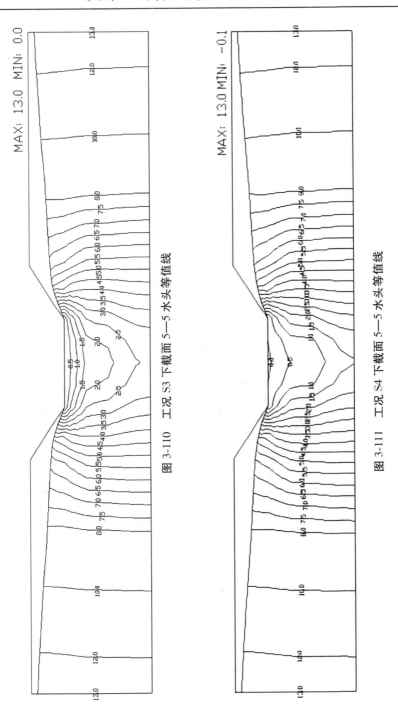

图 3-110　工况 S3 下截面 5—5 水头等值线

图 3-111　工况 S4 下截面 5—5 水头等值线

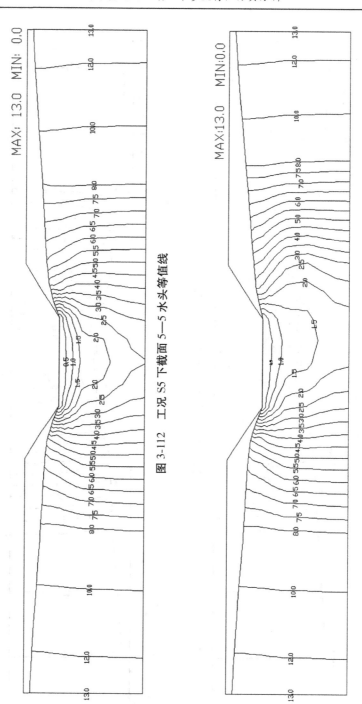

图 3-112　工况 S5 下截面 5—5 水头等值线

图 3-113　工况 S6 下截面 5—5 水头等值线

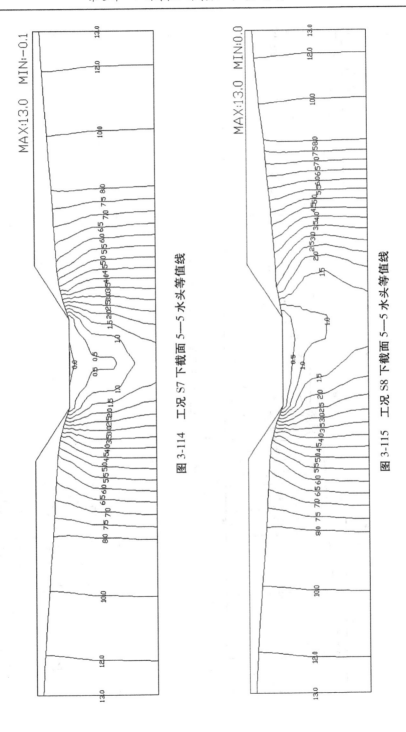

图 3-114　工况 S7 下截面 5—5 水头等值线

图 3-115　工况 S8 下截面 5—5 水头等值线

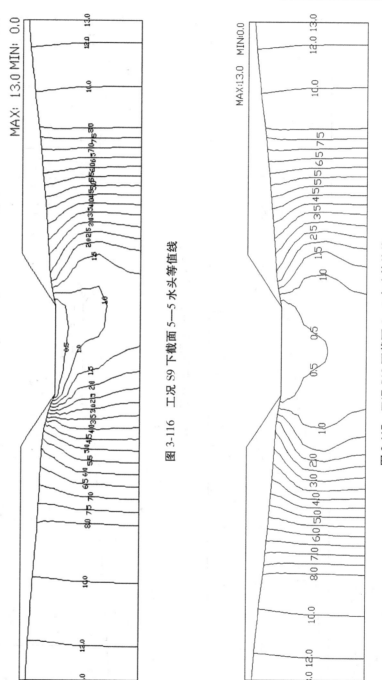

图 3-116　工况 S9 下截面 5—5 水头等值线

图 3-117　工况 S10 下截面 5—5 水头等值线

　　工况 S7 和工况 S8 对比可知,降水井之间可以协同降水而且可以相互影响;工况 7 中基坑底部均布 3 个降水井,对基坑自由水的降排作用明显优于在基坑边坡坡顶边缘布置 3 个降水井;3 个降水井即使在基坑底部也不能完全实现基坑干地施工的要求,降水井的降排能力和影响范围还是一定的。

　　工况 S9 和工况 S10 对比可知,降水井数量的增加,进一步降低了基坑底部的水位;工况 S10 中基坑底部的降水井作用十分明显,显著地降低了基坑底部中央的水位。

　　各工况仿真计算结果统计见表 3-8。

表 3-8　超深基坑真三维仿真计算结果

工况	潜水位/m		渠底地下水位距开挖面/m		单井最大抽水量		
	距开挖面	高程	最高	最低	降水井号	m³/h	m³/d
S1	13	122	0	0	—	—	—
S2	13	122	0	0	1	150.76	3 618.37
S3	13	122	0	−3.5	2	101.22	2 429.46
S4	13	122	0	−3.5	3	92.73	2 225.59
S5	13	122	0	0	6	133.04	3 193.03
S6	13	122	0	0	7	126.44	3 034.74
S7	13	122	0	−3.5	2	100.69	2 416.70
					3	91.70	2 200.90
S8	13	122	0	−3.5	6	128.99	3 095.83
					7	118.19	2 836.60
S9	13	122	0	0	1	144.90	3 477.64
					6	123.68	2 968.40
					7	117.05	2 809.27
S10	13	122	0	0	1	138.88	3 333.24
					6	122.59	2 942.28
					7	115.80	2 779.38

　　由各工况所得到的计算结果图可以知道,当基坑降水井降水深度为 10 m

时,降水井的影响范围为 44.00 m,为了保证干地施工的需要,需将水位降至基坑底板之下 0.5 m,此时降水井的作用范围为 24.76 m,即降水井的有效降水宽度为 24.76 m,即若满足施工的需要,则降水井的间距应小于 24.76 m,降水井作用范围局部图见图 3-118。

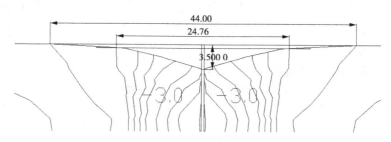

图 3-118   降水井作用范围局部图   (单位:m)

3.5   本章小结

经过对魏河倒虹吸超深基坑的二维、准三维和真三维渗流特性仿真分析可知:超深基坑二维仿真计算仅能体现某一断面的土层信息和水文条件,计算结果不能直观、真实、有效地体现基坑渗流特性,二维渗流特性仿真分析结果仅供定性参考;超深基坑准三维渗流特性仿真计算结果相较于二维仿真分析结果,能真实、有效地体现出超深基坑空间三维渗流特性;超深基坑真三维渗流特性仿真计算能反映出超深基坑空间三维渗流特性,其降水井的渗漏量及基坑水头等值线、基坑坡降符合一般规律,仿真分析结果能良好地适用于工程降排水方案的设计和优选,但其计算耗时和人工工作量太大。

第 4 章　降水井作用下超深基坑 三维渗流特性分析

在第 3 章二维、准三维及真三维对比仿真分析中,可以得知,准三维和真三维皆能良好地反映超深基坑的三维渗流特性。鉴于篇幅有限,在第 3 章并未进行降水井降排作用下超深基坑准三维渗流特性分析研究。

在魏河倒虹吸施工过程中,发现实际地质和水文条件与招标文件中的相差甚大,降排水方案需要重新编写论证。本书作者应用准三维仿真模型进行该超深基坑的渗流特性论证,计算结果为降排水方案的设计和优选提供了科学的支持,并得到应用。计算结果表明,准三维分析在降低模型网格规模,减少计算耗时和人工工作量的基础上,仍能满足工程的实际需要。

4.1　计算模型与边界条件

结合招标投标阶段(称为投标方案)和工程实际的降水井布置方案,剖分 2 套计算网格。其典型断面见图 4-1。

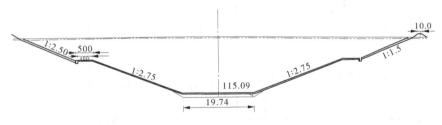

图 4-1　典型断面

(1)以投标方案为依据。投标方案中渠道共布置降水井 320 眼,左、右两侧各 160 眼,井间距 30 m。建模时假定各降水井降水效果相同,根据对称性,考虑双排单个降水井的作用,降水井布置在渠道两侧一级马道内侧 1 m 外,沿渠道顺水流方向取降水井的间距 30 m,井深 25 m,深井内径 0.4 m。图 4-2 为剖分后的整体网格总图,其中结点 16 132 个,单元 13 860 个。

(2)以实际方案为依据,考虑工程实际的降水井布置情况,即采取了在一

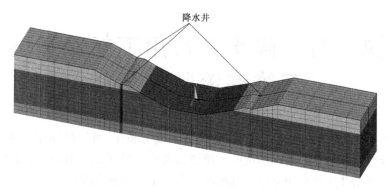

图 4-2　计算网格模型(投标方案)

级马道和渠底同时布置降水井的方案,为验证该方案的可行性和合理性,需要进行验算。该方案在平面上采用梅花形布置,一级马道井间距 30 m,井深 32 m,渠底井间距 40 m,井深 20 m,降水井直径 0.4 m,其中一级马道和渠底降水井的底高程相同。具体降水井布置如图 4-3 所示,假定一级马道各降水井降水效果相同,渠道降水井降水效果也相同,根据对称性,结合图 4-1 和图 4-3进行网格剖分,剖分后网格如图 4-4 所示,结点 33 494 个,单元 29 584 个。

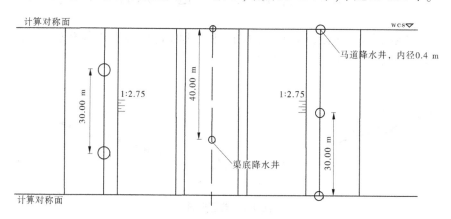

图 4-3　计算域示意(实际梅花形降水井布置方案)

上述 2 套网格中,网格剖分时,充分考虑实际地质条件(以招标投标阶段提供的地层分布为准)、渠道断面形式(包括一级马道)以及降水井布置(六边形等效)。坐标以 x 轴表示左右岸方向,y 轴表示沿渠道水流方向,z 轴表示高度方向,坐标原点位于渠底中间(如图 4-2 和图 4-4 所示)。

网格密度除降水井周围采取加密网格处理外,其余按正常网格尺寸,降水

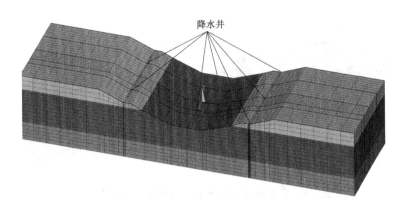

图 4-4　计算网格模型(实际方案)

井网格如图 4-5 所示。降水井直径 0.4 m,采用正六边形等效;左右岸长度取渠道两侧一级马道降水井排距的 2 倍,结构尺寸如图 4-5 所示。图中最低开挖面位于砂质黏土层中,其余图层按招标投标地质勘测成果,取高程平均值。

图 4-5　降水井细部图

为便于进行计算结果分析,针对两种降水井布置方案,分别选取典型截面:

(1)投标方案,即方案一。典型截面选取 2 个,如图 4-6 所示,其中截面 A—A 选取渠道左右岸方向中部截面($y=0$ m),截面 B—B 取渠道上下游方向的中部截面($x=0$ m)。在进行计算成果整理时,为了能够使图像清晰,必要时将对 A—A 截面进行对称选取(选取一半),或是为了显示对降水井的降水效果,只显示降水井与渠道部分效果。

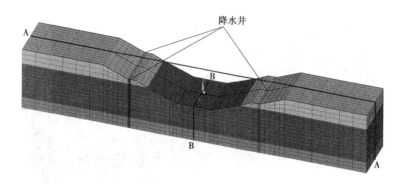

图 4-6　典型截面示意(一级马道降水井布置方案)

(2)实际方案,即方案二。典型截面选取 3 个,如图 4-7 所示,其中截面 C—C 选取渠道左右岸方向中部截面($y=0$ m),截面 D—D 选取渠道左右岸方向($y=-15$ m),截面 E—E 选取渠道上下游方向的中部截面($x=0$ m)。在进行计算成果整理时,为了能够使图像清晰,必要时将对截面 A—A 和截面 B—B 进行对称选取(选取一半),或是为了显示对降水井的降水效果,只显示降水井与渠道部分效果。

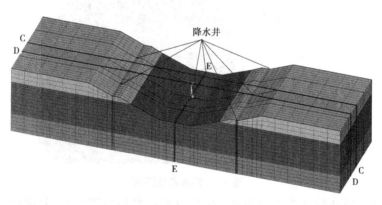

图 4-7　典型截面示意(梅花形降水井布置方案)

计算域四周截取边界条件分别假定为:

计算域的渠道上游截取边界、下游截取边界[渠道两侧(y 向)]以及底边界均视为隔水边界面;渠道左右岸(x 向)为已知水头边界;边坡、一级马道以及渠底考虑为可溢出边界;降水井内则根据计算要求,可设定为已知水头边界或可溢出边界,以控制降水井的抽水量。

4.2　招标地质条件下方案一三维渗流运动特性分析

为验证招标投标文件中的水文地质条件下,渠道降排水投标方案一的科学性、合理性,通过建立数值模拟模型,模拟降排水效果。

4.2.1　工况说明与设定

根据招标文件,地下水位多在渠道设计水位附近,部分高于渠道设计水位,渠道设计水位为 123.154～121.145 m,渠底高程 115.515～115.285 m。本仿真计算的目的是确定投标文件中渠道降排水方案一的科学性,依据要求对地下水位距离渠底板 9.064 m 和 7.055 m 设定工况。

方案一计算工况见表 4-1。

表 4-1　方案一计算工况

工况	降水井间距/m	地下水位/m	
		距离开挖面	高程
ZT1	30	9.064	123.154
ZT2		7.055	121.145

4.2.2　三维渗流运动特性分析

对表 4-1 计算工况分别进行仿真计算,计算结果如表 4-2、图 4-8～图 4-11 所示。其中表 4-2 为投标方案在招标水文地质条件下最大降水能力时,渠底地下水位和单井最大抽水量成果统计;图 4-8～图 4-11 为两种地下水位下,典型截面的水头等值线图。需要指出的是,为了便于分析,本书图表中所示的“0 m”均表示渠底或基坑底部所在水平面,与此相对,“A 值”表示高于渠底 A m,“-A 值”表示低于渠底 A m,其对应高程可见表 4-2。后文分析时均以此方法,不再赘述。

本节计算分析投标文件中渠道降排水方案一的科学性、合理性,即将地下水位降低至渠底以下 0.5 m 以上。因此,仿真计算仅针对降水井最大降水能力时的情况展开。由计算结果可知,地下水位 9.064 m 和 7.055 m 时,渠底最高水位分别为-1.47 m 和-2.00 m,满足干地施工的要求,相应的单井最大抽水量分别为 1.69 m³/h 和 1.25 m³/h,满足方案一的抽水方案。

综上所述,在招标地质条件下,降排水方案一能够满足各个时期抽水需求,从而保证渠道干地施工要求,即方案一在招标地质条件下可行。

表 4-2　方案一仿真计算结果

工况	潜水位/m		渠底地下水位/m		单井最大抽水量	
	距离渠底	高程	距离渠底	高程	m³/h	m³/d
ZT1	9.064	123.154	−1.47		1.69	40.56
ZT2	7.055	121.145	−2.00		1.25	30.00

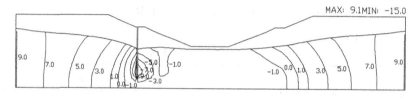

图 4-8　工况 ZT1 地下水位 9.064 m 时截面 A—A 水头等值线　（单位:m）

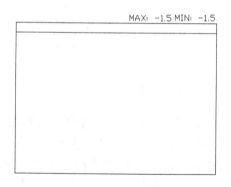

图 4-9　工况 ZT1 地下水位 9.064 m 时截面 B—B 水头等值线　（单位:m）

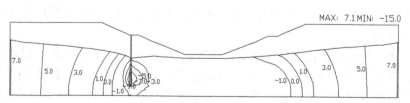

图 4-10　工况 ZT2 地下水位 7.055 m 时截面 A—A 水头等值线　（单位:m）

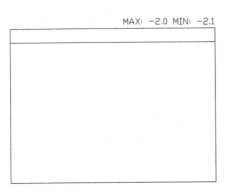

图 4-11　工况 ZT2 地下水位 7.055 m 时截面 B—B 水头等值线　（单位:m）

4.3　实际地质条件下方案一三维渗流运动特性分析

4.3.1　工况说明与设定

地下水位和地层分布同 4.2 节。计算工况见表 4-3。

表 4-3　招标水文地质条件下投标方案工况设定

工况	降水井间距/m	地下水位/m		渗透系数取值
		距离开挖面	高程	
ST1	30	9.064	123.154	见补充水文地质条件
ST2		7.055	121.145	

4.3.2　三维渗流运动特性分析

对表 4-3 计算工况分别进行仿真计算,计算结果如表 4-4、图 4-12 ~ 图 4-15 所示。其中,表 4-4 为降排水方案一在补充水文地质条件下最大降水能力时,渠底地下水位和单井最大抽水量成果统计;图 4-12 ~ 图 4-15 为两种地下水位下,典型截面的水头等值线图。

表 4-4　补充水文地质条件投标方案仿真计算结果

工况	潜水位/m		渠底地下水位/m		单井最大抽水量	
	距离渠底	高程	距离渠底	高程	m³/h	m³/d
ST1	9.064	123.154	−2.48	111.61	15.18	364.32
ST2	7.055	121.145	−3.13	110.96	13.45	322.80

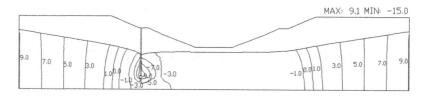

图 4-12　工况 ST1 地下水位 9.064 m 时截面 A—A 水头等值线　（单位:m）

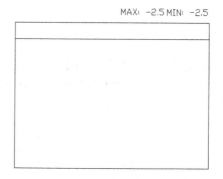

图 4-13　工况 ST1 地下水位 9.064 m 时截面 B—B 水头等值线　（单位:m）

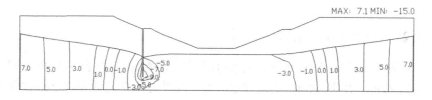

图 4-14　工况 ST2 地下水位 7.055 m 时截面 A—A 水头等值线　（单位:m）

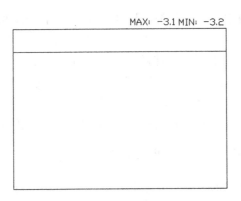

图 4-15　工况 ST2 地下水位 7.055 m 时截面 B—B 水头等值线　（单位:m）

　　本节计算分析补充地质条件下渠道降排水方案一的科学性、合理性,即将地下水位降低至渠底以下 0.5 m 以上。因此,仿真计算仅针对降水井理论上最大降水能力时的情况展开。由计算结果可知,地下水位 9.064 m 和 7.055 m 时,渠底最高水位分别为-2.48 m 和-3.13 m,满足干地施工的要求,相应的单井最大抽水量分别为 15.18 m³/h 和 13.45 m³/h,相比招标水文地质条件,抽水量有大幅增加,因此在降排水方案一的基础上,需要加大抽水泵功率或增加抽水泵数量。

　　综上所述,单从降水井布置来看,在补充地质条件下,降排水方案一也能够满足渠道降排水要求,是可行的。

4.4　实际地质条件下方案二三维渗流运动特性分析

4.4.1　工况说明与设定

　　地下水位和地层分布及土层渗透系数同 4.3 节。计算工况设定见表 4-5。

表 4-5　方案二计算工况设定

工况	马道降水井间距/m	渠底降水井间距/m	潜水位/m		渗透系数取值
			距离开挖面	高程	
S1	30	40	9.064	123.154	见补充水文地质条件
S2			7.055	121.145	

本节论证降排水方案二是否满足补充地质条件下的要求,即将地下水位降低至渠底以下0.5 m以上。由4.3节可知,按方案一布置降水井时,若加大抽水泵能力或增加抽水泵数量能够满足补充地质条件下渠道干地施工的要求。而相比方案一,方案二在马道的降水井数量增加,同时在渠底增设降水井,因此该方案的降水效果在理论上应得到提高。为了能够从技术上和经济上两个方面来论证实际方案的优越性,以下通过反演和仿真两个方面展开。

4.4.2　方案二和方案一三维渗流对比分析

仿真计算旨在论证方案二的降水效果,并与方案一进行比较,以论证方案二的技术可行性和优越性。计算结果如表4-6、图4-16~图4-21所示。其中,表4-6为实际方案在补充水文地质条件下最大降水能力时,渠底地下水位和单井最大抽水量成果统计;图4-16~图4-21为两种地下水位下,典型截面的水头等值线图。

表 4-6　方案二仿真结果

工况	潜水位/m		渠底地下水位/m		单井最大抽水量		
	距离渠底	高程	距离渠底	高程	部位	m³/h	m³/d
S1	9.064	123.154	−5.19（理论值）	108.90	马道	12.94	311.28
					渠底	7.67	184.03
S2	7.055	121.145	−5.59（理论值）	108.50	马道	11.34	272.16
					渠底	7.05	169.20

注:理论值是指实际方案在理论上能达到的渠底地下水位降低值及相应抽水量。

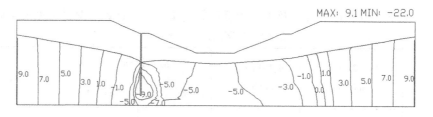

图 4-16　工况 S1 下地下水位 9.064 m 时仿真计算的截面 C—C 水头等值线　（单位:m）

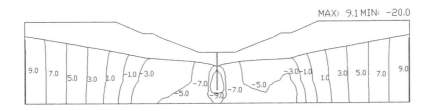

图 4-17　工况 S1 下地下水位 9.064 m 时仿真计算的截面 D—D 水头等值线　（单位：m）

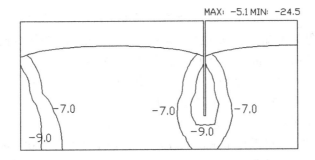

图 4-18　工况 S1 下地下水位 9.064 m 时仿真计算的截面 E—E 水头等值线　（单位：m）

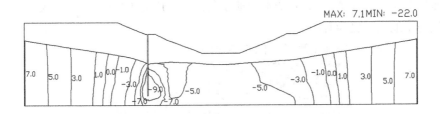

图 4-19　工况 S2 下地下水位 7.055 m 时仿真计算的截面 C—C 水头等值线　（单位：m）

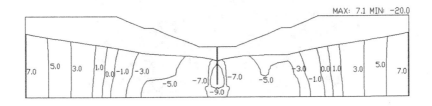

图 4-20　工况 S2 下地下水位 7.055 m 时仿真计算的截面 D—D 水头等值线　（单位：m）

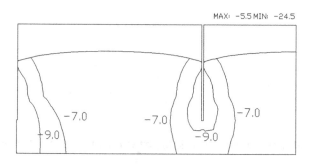

MAX: -5.5 MIN: -24.5

图 4-21　工况 S2 下地下水位 7.055 m 时仿真计算的截面 E—E 水头等值线　（单位:m）

由计算结果可知,地下水位 9.064 m 和 7.055 m 时,理论可降低的渠底地下水位分别为-5.19 m 和-5.59 m(低于渠底分别为 5.19 m 和 5.59 m),相应的单井最大抽水量分别为 12.94 m³/h(一级马道)、7.67 m³/h(渠底)和 11.34 m³/h(一级马道)、7.05 m³/h(渠底),单井最大抽水量较方案一小。因此,方案二能够满足干地施工的要求,即实际方案可行。

仅从两种方案降低地下水位的效果而言,以地下水位 9.064 m 为例,方案二可将渠底地下水位降低至-5.19 m(低于渠底 5.19 m),而方案一仅能降至-2.48 m。因此,相比方案一,方案二的降水井布置在降低地下水位的能力方面具有显著的优越性,对复杂水文地质条件的适应能力更强,对保证渠道全过程的干地施工更为有利。

在实际施工中施工现场如图 4-22 所示。

(a)

图 4-22　魏河倒虹吸超深基坑施工现场

(b)

(c)

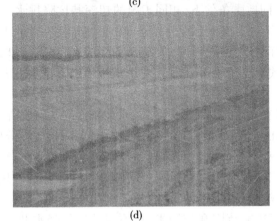

(d)

续图 4-22

第 5 章　总结与展望

5.1　总　结

超深基坑渗流特性分析及降排水方案的设计和优选是一个较为复杂的问题,为防止超深基坑出现涌水、支护结构破坏等工程施工问题,国内外学者对超深基坑渗流特性降排水方案的设计做了大量的研究,从工程实践的多方面阐述了超深基坑的渗流特性。本书在总结国内外学者研究的基础上,从渗流分析原理入手,介绍了改进结点虚流量法,并初步证明其计算结果是科学、有效的。在仿真分析中主要得出以下结论:

(1)通过理正软件的二维渗流仿真分析和基于改进结点虚流量法的三维渗流的仿真分析结果的对比可知,三维渗流运动仿真分析能更真实、科学地反映地下水的渗流运动,能更方便地指导超深基坑降排水方案的设计。

(2)通过同一地质条件下,不同工况的超深基坑降排水三维渗流运动特性分析可知,不同位置的降水井对基坑的降排水影响有明显差异,如果施工方便,降水井的位置以靠近施工面为宜。

(3)通过不同地质条件下,相同工况的超深基坑降排水三维渗流运功特性分析可知,基坑一定范围内的土层分布和土体特性参数的不同对基坑降排水方案的优选有明显差别。所以,在施工前还应在招标资料地质条件的基础上进行降排水试验,从而保证工程实际施工过程中降排水方案的有效性和科学性。

(4)第 3 章在对超深基坑相关地质、水文条件的基础上,首先利用理正软件对该超深基坑进行二维渗流运动特性分析,结果仅能定性分析;然后构建有限元模型,基于 8 结点 6 面体等参单元对模型进行剖分,并进行三维渗流运动特性分析,由准三维分析和二维分析对比可知,由准三维渗流运动分析更加科学真实,但此时并没有添加降水井;添加降水井再次进行三维渗流运动分析,可得出降水井的影响范围和作用半径,不同部位的降水井其作用效果均有不同。

第 4 章分别对招标地质条件下降排水方案一进行三维渗流运动仿真分析

和实际地质条件下方案一、方案二的三维渗流仿真运动分析。对比分析表明，地质条件对三维渗流运动特性有显著的影响，就该超深基坑工程而言，必须进行降排水方案的改进，才能满足工程实际的需要。也再次证明本书采用软件可以满足超深基坑降排水方案的设计和比选的仿真分析工作需求。

(5)通过对魏河倒虹吸超深基坑的仿真分析，可得降水井的影响半径和有效作用范围。可对降水井的降排水能力反演分析，从而可以得到最经济的降排水方案。

5.2　展　望

超深基坑降排水工程是基坑施工的关键，降排水效果影响因素有很多，例如，基坑土层分布、土体特性、地下水条件、施工时间的选择、开挖时天气情况等。尤其在地下水环境及地质条件复杂，周边邻近建筑物较多，开挖较深时，基坑降排水方案的设计更需要科学、全面地考虑以上因素的影响。在基坑开挖完毕，基础工程施工结束之前，也要注意降排水措施的改变对地下水位及工程安全的影响。

因此，对于深基坑及超深基坑或者开挖深度不超过 5 m，但地下水位较高、地质条件复杂的基坑工程，在进行基坑开挖之前，一定要制订科学合理的降排水方案。对基坑实体进行建模并基于改进结点虚流量法的三维渗流特性分析，仿真分析结果可以为实际工程降排水方案的设计和优选提供理论依据。但是，在三维渗流特性仿真分析中也有一些问题需要做出改进：

(1)在三维渗流特性仿真计算中没有考虑防渗措施的影响，在自编的 Fortan 程序中加入防渗措施的影响将是笔者以后研究的一个重要方面。

(2)土体分层过于明显，相邻土层渗透系数变化太过明显，在以后的仿真分析中，需对土体分层进一步细化，实现土体渗透系数的渐变。

(3)在三维渗流特性分析中，没有考虑降水开始之后土体自压缩产生的参数的变化。

参考文献

[1] 唐业清,李启民,崔江余.基坑工程事故分析与处理[M].北京:中国建筑工业出版社, 1999.

[2] 郑颖人,赵尚毅,时卫民,等.边坡稳定分析中的一些进展[J].地下空间,2001,21(4).

[3] 潘家铮.建筑物的抗滑稳定和滑坡分析[M].北京:水利出版社,1980.

[4] Chang-Yu Ou,Da-hang,T S Wtl. Three-dimensional finite element analysis of deep excavations[J]. Journal of Geotechnical Engineering,1996,122(5):337-345.

[5] 俞建霖,龚晓南.深基坑工程的空间性状分析[J].岩土工程学报,1999,21(1):34-38.

[6] 龚晓南.深基坑工程设计施工手册[M].北京:中国建筑工业出版社,1998.

[7] 王坤.天津地区地下水对深基坑开挖的影响研究[D].成都:西南交通大学,2010.

[8] 郑克勋.地下水人工化学连通示踪理论及试验方法研究[D].南京:河海大学,2007.

[9] 顾慰慈.渗流计算原理及应用[M].北京:中国建材工业出版社,2000.

[10] 高福华.深基坑工程渗流与变形分析[D].南京:河海大学,2004.

[11] 张在明.地下水与建筑基础工程[M].北京:中国建筑工业出版社,2001.

[12] 黄春娥,龚晓南,顾晓鲁.考虑渗流基坑边坡稳定分析[J].土木工程学报,2001,34 (4).

[13] 孔祥言.高等渗流力学[M].合肥:中国科学技术大学出版社,1999.

[14] Zienkiewicz O C,Shiomi T. Dynamic behavior of saturated Porousmedia : the generalized Biot for mul-action and its numerical solution[J]. Int. J. Ntlm and Analy. Meth. in Geomech,1984,8:71-96.

[15] 刘建军,裴桂红.我国渗流力学发展现状及展望[J].武汉工业学院学报,2002(S): 99-103.

[16] Shengxiang Gui. Relibailiyt Analysis of Soil SloPe[J]. Dissertation Abstracts International, Volume: 60-01, Section: B, Page: 0014.

[17] Griffiths D V,Lane P A. SloPe Stbailiyt Analysis by Finite Elements [J]. Geotechnique, 1999, 49(3): 387-403.

[18] Dawson E M, Roth W H, Drescher A. SloPe Stabiliyt Analysis by Strength Reduction [J]. Geotechnique, 1999, 49(6): 835-840.

[19] 钱家欢,殷宗泽.土工原理与计算[M].北京:中国水利水电出版社,1996.

[20] 秦四清,等.深基坑工程优化设计[M].北京:地震出版社,1998.

[21] Ugai K A. Method of Calculation of Total Factor of Safety of Slopes by Elasto- Plastic FEM [J]. Soils and Foundations. JGS,1989,29(2):190-195(in Japanese).

[22] Zienkiewicz O C, HtlmPheson C, Lewis R W. Associated, Non-Associated Visco—Plasticiyt and Plasticiyt in Soil Mechanics[J]. Geostechnique,1975,25(4):671-689.

[23] Bishop A W. The Use of the Slip Circle in the Stability Analysis of Slopes[J]. Geostechnique,1955(5):7-17.

[24] Duncan J M. State of the art: Limit equilibrium and finite element analysis of slopes[J]. Journal of Geotechnical Engineering,ASCE,1996,122(7):577-596.

[25] 奕茂田,武亚军,年廷凯.强度折减有限元法中边坡失稳的塑性区判据及其应用[J]. 防灾减灾工程学报,2003,23(3):1-5.

[26] 郑颖人,赵尚毅,张鲁渝.用有限元强度折减法进行边坡稳定分析[J].中国工程科学,2002,4(10):57-61,78.

[27] 张鲁渝,郑颖人,赵尚毅,等.有限元强度折减系数法计算土坡稳定安全系数的精度研究[J].水利学报,2003(1):21-27.

[28] 连镇营,韩国城,孔宪京.强度折减有限元法开挖边坡的稳定性[J].岩土工程学报,2001(4):407-411.

[29] 王建仁,等.基坑稳定的人工神经网络预测[J].建筑技术开发,2001,28(2):10-13.

[30] Clough G W, Duncan J M. Finite element analysis of retaining wall behavior[J]. Journal of Mech. Foundations Div.,ASCE,1971,97(SM12):1657-1672.

[31] Ou C Y, Chiou D C, Wu T S. Three-dimensional finite element anaqlysis of deep excavation[J]. Journal of Geotech. Engrg.,ASCE,1996,122(5):337-345.

[32] 俞建灵.软土地基深基坑工程数值分析研究[D].杭州:浙江大学,1997.

[33] Bose S K,Som N N. Parametric study of a braced cut by finite element method[J]. Computers and Geotechnics,1998,22(2):91-107.

[34] Zhang M J,Song E X, Chen Z Y. Ground movement analysis of soil nailing construction by three-dimensional(3-D) finite element modeling(FEM) [J]. Computersand Geotechnics,1999,25:191-204.

[35] 赵海燕,黄金枝.深基坑支护结构变形的三维有限元分析与模拟[J].上海交通大学学报,2001,35(4):610-613.

[36] 连镇营,韩国城.土钉支护开挖过程的数值模拟分析[J].岩石力学与工程学报,2001,20(S):1092-1097.

[37] 马正飞,殷翔.数学计算方法与软件的工程应用[M].北京:化学工业出版社,2002.

[38] Faheem H,Cai F,Ugai K,et al. Two-dimensional base stability of excavations in soft soils using FEM [J]. Computers and Geotechnics, 2003,30:141-163.

[39] Hong S H,Lee F H,Yong K Y. Three-dimensional pile-soil interaction in soldier-piled excavations[J]. Computers and Geotechnics,2003,30:81-107.

[40] 侯学渊,陈永福.深基坑开挖引起周围地基土沉陷的计算[J].岩土工程师,1989,1(1):3-13.

[41] Ou C Y, Lai C H. Finite element analysis of deep excavation in layered sandy and clayed soil deposits[J]. Canadian Geotechnical Journal,1994,31:204-214.

[42] 欧章煌.廖瑞堂.软弱粘土层中深开挖之土水压力之变化[J].中国土木水利工程学刊,1995,7(1):253-262.

[43] 罗晓辉.深基坑开挖渗流与应力祸合分析[J].工程勘探,1996, 25(6):37-41.

[44] 应宏伟.软土地基深基坑工程性状的研究[D].杭州:浙江大学,1997.

[45] 平扬,白世伟,徐燕萍.深基坑工程渗流–应力耦合分析数值模拟研究[J].岩土力学,2001,22(1):37-41.

[46] 平扬,项阳,白世伟,等.深基坑三维降水理论及其面向对象有限元程序实现[J].岩石力学与工程学报,2002,21(8): 1267-1271.

[47] 梁什华.土钉支护结构的极限分析法及大变形固结有限元分析[D].杭州:浙江大学,2004.

[48] 沈珠江,张诚厚.有限单元法计算井点作用下基坑边坡的变形[J].土木工程学报,1980, 2: 65-74.

[49] Ronaldo L Borja. Free Boundory, Fluid Flow,and Seepage Forces in Excavations[J]. Journal of Geotechnlcanl Engineering,1992,18(1).

[50] 葛孝椿.关于"渗流作用下土坡圆弧滑动有限元计算"的讨论之三[J].岩土工程学报,2002,24(3):398-399.

[51] 王乾程,李培铮,谢建华,等.水作用下土坡稳定性分析及防治对策探讨[J].西部探矿工程,2003,5(34):156-158.

[52] 梁业国,熊文林,周创兵.有自由面渗流分析的子单元法[J].水利学报,1997,8: 34-38.

[53] 揭冠周,介玉新,李广信.模拟自由面渗流的适体坐标变换方法[J].清华大学学报(自然科学版),2003,43(2):273-276.

[54] 介玉新,揭冠周,李广信.用适体坐标变换方法求解渗流[J].岩土工程学报, 2004,26(1): 52-56.

[55] 陈洪凯,唐红梅.渗流自由面求解的基本方法、修正及应用[J].重庆交通学院学报,1997,16(3):5-10.

[56] 郑宏,李春光,李悼芬,等.求解安全系数的有限元法[J].岩土工程学报,2002,24(5):626-628.

[57] Dwason E M,Roth W H,Drescher A. Slope stability analysis by strength reduction[J]. Geotechnique,1999,49(6):835-840.

[58] Ugai K,Leshchinsky D. Three-dimensional limit equilibrium and finite element analysis: a comparison of results[J]. Soils and Foundations,1995,35(4):1-7.

[59] Griffiths D V, Lane P A. Slope stability analysis by finite elements[J]. Geotechnique,1999,49(3):387-403.

[60] 宋二祥. 土工结构安全系数的有限元计算[J]. 岩土工程学报,1997,19(2):1-7.

[61] 张培文,陈祖煌. 糯扎渡大坝设计边坡稳定的有限元分析[J]. 中国水利水电科学研究院学报,2003,1(3):207-210.

[62] Matsui T,San K C. Finite element slope stability analysis by shear strength reduction technique [J]. Soil 5 and Foundations,JSSMFE,1992,32(1):59-70.

[63] 连镇营. 基坑工程三维有限元数值分析中若干问题的研究[D]. 大连:大连理工大学,2001.

[64] 孙伟,龚晓南. 弹塑性有限元法在土坡稳定分析中的应用[J]. 太原理工大学学报,2003,34(2):199-203.

[65] Hibbit, Karisson, Sorensen, Inc [America]. ABAQUS/Standard 有限元软件入门指南[M]. 庄茁,译. 北京:清华大学出版社,1998.

[66] 吴林高,等. 工程降水设计施工与基坑渗流理论[M]. 北京:人民交通出版社,2003.

[67] 章羽. 水在土坡稳定性分析中的作用[D]. 南京:东南大学,2003.

[68] 铁道部科学研究院西北研究所. 滑坡防治[M]. 北京:人民铁道出版社,1997.

[69] 水利电力部水利水电规划设计院. 水利水电工程地质手册[M]. 北京:水利电力出版社,1955.

[70] 马希文. 正交设计的数学理论[M]. 北京:人民教育出版社,1981.